Convergenze

a cura di
F. Arzarello, L. Giacardi, B. Lazzari

Maria G. Bartolini Bussi,
Michela Maschietto

Macchine matematiche:

dalla storia alla scuola

Maria G. Bartolini Bussi
Michela Maschietto

Dipartimento di Matematica
Università di Modena e Reggio Emilia

ISBN 10 88-470-0402-0
ISBN 13 978-88-470-0402-3

Springer fa parte di Springer Science+Business Media
springer.it

Stampato in Italia

Progetto grafico della copertina: Valentina Greco, Milano
Fotocomposizione e impaginazione: Valentina Greco, Milano
Stampa: Arti Grafiche Nidasio, Milano

Prefazione

L'UMI (Unione Matematica Italiana), che accoglie tra i suoi soci sia matematici professionisti sia insegnanti della disciplina di tutti gli ordini scolastici sia cultori e appassionati della materia, tradizionalmente ha tra i suoi obiettivi la promozione e la diffusione della cultura matematica tra tutti cittadini, in particolare nei giovani, e il miglioramento dell'insegnamento della disciplina a tutti i livelli scolastici (per questo opera una sua Commissione permanente, la CIIM, Commissione Italiana per l'Insegnamento della Matematica).

Pur con i limitati mezzi di cui dispone, l'associazione ha sempre impegnato risorse umane e materiali per il raggiungimento di tali obiettivi.

Lo testimonia in primo luogo la pubblicazione da ormai alcuni anni della Sezione A del suo Bollettino, che ha come sottotitolo "La matematica nella Società e nella Cultura" (*http://www.dm.unibo.it/umi/italiano/Editoria/BollettinoA.html*). La rivista raccoglie articoli divulgativi ed informativi, ma di grande rigore scientifico, che spaziano dai temi della ricerca più avanzata ad articoli su avvenimenti storicamente rilevanti nella storia della matematica italiana a interviste a importanti matematici italiani a rassegne sull'insegnamento della matematica in diversi paesi stranieri.

Un'altra iniziativa in questo senso è la proposta, in collaborazione col MIUR, di diversi volumi per l'aggiornamento degli insegnanti sui temi principali della matematica (reperibili al sito: *http://www.liceo-vallisneri.lu.it/testi.htm*) e di un curricolo completo di matematica dai 6 ai 19 anni, intitolato "La matematica per il cittadino", curricolo corredato di circa 200 esempi di attività didattiche e di prove di verifica, messo a disposizione delle scuole e degli insegnanti, che lo possono usare gratuitamente (il materiale, che ammonta a più di un migliaio di pagine, è reperibile al sito dell'UMI: *http://www.dm.unibo.it/umi/italiano/Didattica/didattica.html*).

Nell'alveo di questa tradizione che si inserisce ora la proposta della Collana "Convergenze. Strumenti per l'insegnamento della matematica e la formazione degli insegnanti". Il titolo e il sottotitolo marcano le caratteristiche di questa collana, rivolta agli insegnanti in servizio e in formazione sia per quanto riguarda la loro professionalità sia per la loro crescita culturale. Si tratta di agili volumi, non superiori alle 200 pagine, che affrontano temi importanti della matematica con rigore di metodo, ma in modo accattivante, con ampio respiro culturale, e accennano sempre, ove possibile, agli sviluppi più recenti dei problemi affrontati e ai loro risvolti applicativi. I temi riguardano argomenti che i docenti incontrano nella loro pratica di insegnamento, ma affrontati con quello spirito di innovazione e creatività che permetterà loro di renderli piacevoli e stimolanti per gli allievi. I volumi costituiscono pertanto un utile strumento di lavoro per gli insegnanti di matematica ma possono essere anche una lettura piacevole e stimolante per i giovani, che potranno vedere aspetti della matematica non sempre presenti nei loro libri di testo, nonché per i cittadini curiosi di conoscere aspetti nuovi e stimolanti di questa disciplina.

Speriamo con questo di fare cosa utile alla scuola e in generale al Paese. Oggi più che mai infatti la società ha bisogno di approfondite conoscenze scientifiche e in particolare matematiche in forma sempre più diffusa e condivisa; la scuola di conseguenza necessita di docenti ben preparati in matematica, che siano in grado di avvicinare gli allievi a questa disciplina in modo stimolante ed amichevole. La nostra Collana potrà contribuire senz'altro a raggiungere questo obiettivo.

Il primo volume proposto è esemplare in questo senso: esso infatti affronta vari argomenti di geometria con un taglio completamente nuovo, cioè attraverso le macchine matematiche. Con queste si ottiene la possibilità di manipolare fisicamente gli oggetti geometrici e di scoprire le loro proprietà in un modo che è nello stesso tempo concreto e ricco di tutte potenzialità teoriche tipiche del pensiero matematico. Le macchine presentate nel testo permettono di comprendere anche una parte interessante della nostra storia, cioè come artefatti concreti abbiano influito profondamente in varie epoche sulla produzione del pensiero astratto. Tutti conosciamo due estremi di questo fenomeno: il compasso e il computer; in mezzo vi è una grande quantità di strumenti, costruiti in più di 2000 anni di storia. Il volume di M.G. Bartolini Bussi e M. Maschietto accompagna il lettore in un viaggio in questo mondo affascinante in cui l'artigiano e il matematico lavorano insieme in una sorta di bottega ideale, dove i concetti matematici sono costruiti nel senso più pregnante del termine.

Bologna, 1 ottobre 2005

Carlo Sbordone
(Presidente UMI)

Ferdinando Arzarello
(Presidente CIIM)

Indice

Introduzione

"*La possibilità di manipolare fisicamente oggetti,*
come per esempio le ***macchine*** [matematiche] *che generano curve,*
induce spesso modalità di esplorazione
e di costruzione di significato differenti
ma altrettanto interessanti e, sotto certi aspetti, più ricche
di quelle consentite dall'uso di software di geometria dinamica„

(dal *Curricolo di matematica per il ciclo secondario*)

Nel curricolo per il ciclo secondario preparato da una commissione nominata dall'Unione Matematica Italiana, sono nominati oggetti poco conosciuti dalla maggior parte degli insegnanti: le macchine matematiche. Esse sono appaiate, nella descrizione del laboratorio di matematica, ad altri tipi di strumenti: i materiali "poveri", i software di geometria dinamica e di manipolazione simbolica, i fogli elettronici, le calcolatrici grafico-simboliche.

Che cosa sono le macchine matematiche? Secondo una definizione data da Marcello Pergola (N.R.S.D.M., 1992):

"*una macchina matematica (in un contesto geometrico) ha come scopo fondamentale (indipendentemente dall'uso che poi si farà della macchina) risolvere questo problema: obbligare un punto, o un segmento, o una figura qualsiasi (sostenuti da un opportuno supporto materiale che li renda visibili) a muoversi nello spazio o a subire trasformazioni seguendo con esattezza una legge astrattamente, matematicamente determinata.*„

Pergola è il progettista e il costruttore della cospicua collezione di macchine collocata presso il Dipartimento di Matematica dell'Università di Modena e Reggio Emilia (sede di Modena). Lo affiancano alcuni collaboratori (Annalisa Martinez, Marco Turrini, Carla Zanoli), che con lui hanno recentemente fondato una associazione[1] di promozione sociale per diffondere la cultura matematico-geometrica con particolare attenzione alle sue radici storiche. L'associazione opera con il Laboratorio delle Macchine Matematiche del Dipartimento di Modena, collaborando ad attività di formazione e di aggiornamento per gli insegnanti, a ricerche in storia e didattica della matematica, alla traduzione e diffusione delle fonti storiche, alla progettazione, costruzione e diffusione di materiale didattico per l'insegnamento della geometria, all'allestimento di

---

[1] http://associazioni.monet.modena.it/macmatem/

mostre con organizzazione di visite guidate. La costruzione delle macchine avviene in un'officina di falegnameria "tradizionale", che ricorda i laboratori degli artigiani del passato. Gli oggetti prodotti sono "pezzi unici", costruiti a mano uno per uno, a partire dalle descrizioni contenute nelle fonti storiche. Questa realizzazione artigianale consente di riprodurre copie dei modelli, adattandoli a particolari esigenze. Così, recentemente, è stata avviata la produzione di strumenti destinati a un laboratorio per l'integrazione di studenti ciechi o ipovedenti, introducendo modifiche che favoriscono l'esplorazione aptica. In generale, lo scopo è quello di costruire strumenti funzionanti, con potenzialità didattiche, che evocano gli strumenti documentati nella storia e che sono mossi direttamente dalle mani dell'utente (senza il ricorso, quindi, ad altre fonti di energia). L'uso prevalente del legno naturale (anche se combinato con materiali più moderni come il plexiglas, i fili di nailon, ecc.) consente di costruire oggetti che richiamano visivamente gli strumenti del passato.

Nella collezione del Laboratorio delle Macchine Matematiche di Modena ci sono artefatti di natura diversa:

- Curvigrafi in grado di tracciare rette, coniche, cubiche, quartiche ecc. e qualche curva trascendente.
- Sistemi a due gradi di libertà (pantografi) che realizzano trasformazioni nel piano.
- Modelli tridimensionali che illustrano la teoria delle coniche come luoghi solidi, ossia come sezioni di coni.
- Modelli tridimensionali che illustrano proprietà di curve algebriche studiate per proiezione o per sezione.
- Modelli tridimensionali che illustrano la genesi spaziale di alcune trasformazioni nel piano.
- Prospettografi che illustrano le tecniche di costruzione di immagini prospettiche o i teoremi che validano queste tecniche.
- Strumenti per la soluzione di problemi di varia natura (ad esempio, la trisezione dell'angolo, la duplicazione del cubo, la quadratura del cerchio, l'inserimento di due o più medi proporzionali tra due segmenti dati).

In questo libro ci limiteremo a due categorie di macchine:

- Strumenti meccanici (che comprendono sistemi articolati ad uno o due gradi di liberta, per tracciare curve o realizzare trasformazioni).
- Prospettografi (che comprendono sia strumenti direttamente legati ad disegno prospettico che i modelli statici di sezioni coniche importanti nella genesi della trattazione moderna della geometria proiettiva).

Le due categorie rappresentano, come vedremo, due stili di pensiero complementari (spesso ricordati con la contrapposizione analitico/sintetico), che sono rappresentati, nella storia, da Descartes e Desargues.

A titolo di esempio, illustriamo brevemente due casi, che costituiscono i prototipi delle due categorie di strumenti prima ricordati: il compasso per tracciare cerchi e il vetro per realizzare disegni prospettici.

Il compasso è utilizzato fin dalla scuola elementare per disegnare cerchi. Ma esso consente anche di segnare punti che hanno distanza data da punti dati e, abbinato alla riga (o da solo come mostrò Lorenzo Mascheroni (1750-1800), 1797), determina l'insieme dei problemi risolubili nella geometria elementare. Il primo è un uso di natura empirica, che potrebbe essere sostituito dal ricalco del bordo di un bicchiere o di una maschera sagomata. Il secondo è un uso di natura teorica, che consente di demarcare in modo preciso il confine tra problemi possibili e problemi impossibili, a prescindere dalla possibilità di costruire empiricamente soluzioni approssimate, sufficienti per le eventuali applicazioni pratiche. Come vedremo nel Capitolo 1, ampliando l'insieme degli strumenti ammissibili, si costruiscono soluzioni dei problemi classici, impossibili da risolvere con riga e compasso. Un nuovo strumento (ad esempio, il compasso di Nicomede) consente, da un lato, di tracciare una curva di quarto grado e, dall'altro, di risolvere i problemi della duplicazione del cubo e della trisezione dell'angolo, non risolubili con riga e compasso.

Consideriamo ora un secondo esempio, cioè il vetro per la realizzazione di disegni prospettici (questo tema sarà approfondito nel Capitolo 2). Nel telaio di legno è inserito un vetro trasparente; l'occhio del disegnatore è fissato da un mirino; la mano del disegnatore traccia a mano libera con moto continuo i contorni della figura direttamente sul vetro. La verosimiglianza della rappresentazione è garantita dall'esecuzione stessa che via via sovrappone l'immagine costruita alle apparenze del mondo visibile percepite direttamente. Questo strumento incorpora il modello matematico della pittura intesa come "intersecazione della piramide visiva" secondo la ben nota definizione di Leon Battista Alberti, che sta alle origini della moderna geometria proiettiva.

I due esempi qui presentati si riferiscono, il primo, all'antichità classica e, il secondo, al Rinascimento. In effetti, anche se la storia delle macchine è molto più antica, lo sviluppo di questo aspetto della cultura materiale collegata alla matematica si ha soprattutto a partire dal Cinquecento. Anche in precedenza erano costruiti e usati strumenti per la soluzione di problemi geometrici, ma la trattazione sistematica di questi e il loro inserimento in teorie generali si è affermata gradualmente tra il Cinquecento e il Seicento. Nel Cinquecento, singoli strumenti sono costruiti sulla base di intuizioni e conoscenze pratiche; essi sono spesso intesi come prove di genialità e i loro inventori sono considerati maghi. È questa l'epoca della pubblicazione di "teatri di macchine"' (da cui il titolo *Theatrum Machinarum* della collezione di Modena), raccolte di descrizioni di strumenti classificati con criteri vari e a volte stravaganti. Sono antologie, raccolte di appunti, di note, di promemoria, di disegni fantasiosi. La possibilità di costruire strumenti sulla base di queste sole descrizioni non è certa per chi non è già familiare con essi (per approfondimenti, si veda il Capitolo I di Rossi, 1962).

Più tardi gli strumenti sono descritti per mezzo di regole procedurali, nelle quali la spiegazione dei principi concettuali (ad esempio, la forma delle componenti e le loro connessioni) è mescolata con le regole di costruzione (ad esempio, i materiali, gli accorgimenti di manutenzione) e con le regole d'uso (dove mettere le mani, gli occhi, ecc.). La graduale transizione verso le trattazioni in senso moderno, in cui si avvia la sistemazione dei principi concettuali, ha un momento essenziale nel Seicento, il secolo della rivoluzione scientifica in Europa. Solo nell'Ottocento, tuttavia, con Monge, Poncelet e successivamente Ampère viene sancita la separazione tra struttura fisica e struttura concettuale degli strumenti (Betti, 1979).

I due esempi presentati illustrano l'importanza della cultura materiale degli strumenti nella genesi della geometria elementare e della geometria proiettiva. Queste ragioni da sole giustificano l'opportunità di introdurre alcuni semplici esempi di macchine matematiche concretamente manipolabili tra gli "arredi" di un Laboratorio, in aggiunta allo strumento che oggi non manca mai, il computer. Quest'ultimo, attrezzato con i software di geometria dinamica, di calcolo simbolico, di grafica tridimensionale, consente di realizzare grafici di curve e di costruire spazi ed oggetti virtuali "verosimili". Il computer è il depositario di un sapere complesso, costruito e accumulato in secoli di storia, e fornisce immediatamente "rappresentazioni". Per costruire il senso di esse, è necessario riempire le lacune tra esperienze e rappresentazioni, ricostruire il complesso sistema di segni, di gesti, di linguaggio, di teorie che sta a fondamento delle procedure messe in opera in modo automatico e opaco dal computer. Come scrivevamo parecchi anni fa nel primo catalogo della collezione di macchine (N.R.S.D.M., 1992):

"*Possediamo oggi una macchina, l'elaboratore elettronico, talmente flessibile che può sostituire, da sola, tutte quelle inventate in passato per disegnare grafici, risolvere problemi di calcolo, realizzare trasformazioni. Essa quindi non mostra (non può mostrare) quasi nulla di sé. Realizza una corrispondenza tra il programma inserito e le immagini disegnate dal plotter: ma non si vede con quali complesse modificazioni fisiche, con quali meccanismi avviene la traduzione. […] Che sia un nascondimento voluto o necessario non cambia molto nei confronti dell'utente comune, a cui gli elaboratori appaiono, infatti, come macchine meravigliose. Accanto a queste, è dunque opportuno far rivivere nella scuola, togliendole dalla loro 'solitudine storica', le vecchie macchine matematiche, soprattutto quelle più semplici.*„

Le esperienze con macchine matematiche e, più in generale, con modelli di curve e superfici immerse nello spazio tridimensionale erano un tempo assai comuni negli Istituti di Matematica. Oggi sopravvivono alcune collezioni, a volte restaurate ed esposte in vetrine, a volte ancora nascoste nei magazzini delle università. Una ripresa dell'uso di questi artefatti nella didattica fu suggerita dal gruppo di ricerca di Roma, in cui operavano personalità come Emma Castelnuovo e Lucio Lombardo Radice. L'interesse per i sussidi didattici manipolabili era in generale piuttosto diffuso, come mostrano il volume edito dalla CIEAEM (1958) e il volume di Cundy e Rollet (1974). Le macchine matematiche sono sussidi didattici particolari, non inventati artificialmente oggi per concretizzare un particolare concetto o una procedura della matematica. Esse sono state testimoni e protagoniste dello sviluppo storico della geometria. Assumerle come rappresentanti di un concetto o una procedura non è una forzatura convenzionale, dal momento che essi sono incorporati nella macchina fin dalla sua origine. Se, da un lato, queste macchine si collegano a macchine usate per scopi pratici nella tecnologia e nell'arte (e questo collegamento sarà prezioso nella didattica), dall'altro, sono parte della fenomenologia storica che ha accompagnato, a volte anticipandolo, a volte seguendolo, lo sviluppo di teorie geometriche interne alla matematica. In certi momenti storici si sono costituiti filoni di ricerca intorno a classi di macchine matematiche: così, ad esempio, si studiavano *le curve prodotte da sistemi articolati con 4 aste*, mettendo in evidenza, anche in questo caso, che l'interesse dei matematici non è per lo studio di singoli oggetti o fatti isolati ma piuttosto per una teoria che consente di organizzare sistematicamente i risultati. Vedremo nel Capitolo 1 come molti studi separati sulla possibilità di tracciare curve algebriche con sistemi articolati sono stati unificati nel teorema di Kempe.

Un ultimo aspetto merita di essere sottolineato. Le immagini del volume e del cd-rom che riproducono le macchine della collezione di Modena mostrano oggetti esteticamente piacevoli e caldi al tatto (come sanno essere gli oggetti realizzati in legno naturale), a volte resistenti alle forze impresse con la mano per realizzare il movimento, per la presenza di attriti. Quest'ultima caratteristica potrebbe infastidire il progettista di una macchina utensile, ma, nel nostro caso, ci ricorda in modo evidente la distanza tra il modello matematico e l'oggetto costruito, soggetto agli "*impedimenti della materia*„ che, secondo quanto diceva Galileo (Sosio, 1970) devono essere "*difalcati*„ dal filosofo geometra.

Il progetto didattico, realizzato sotto il coordinamento del Laboratorio delle Macchine Matematiche di Modena, ha sostenuto molti esperimenti a partire dagli Anni Ottanta. Si è posto obiettivi ambiziosi, miranti a costruire, da un lato, la capacità di produrre congetture e costruire dimostrazioni anche complesse sulle proprietà e sul funzionamento di alcune macchine, dall'altro, il senso di un'esperienza che introduce nella classe un modo innovativo di far matematica, operando anche in piccolo gruppo, leggendo fonti storiche, costruendo relazioni sull'attività svolta. Questo libro si propone di raccogliere in modo sistematico i risultati di molti anni di ricerche didattiche.

La struttura del libro è articolata in tre parti.

La prima parte introduce le macchine matematiche da un punto di vista storico - epistemologico. Il primo capitolo presenta una rassegna di strumenti meccanici. Il secondo una rassegna di prospettografi. Il terzo riesamina le due categorie dal punto di vista epistemologico, confrontando i due stili di pensiero complementari che hanno accompagnato la loro produzione: lo stile analitico di Descartes e quello sintetico di Desargues.

La seconda parte contiene alcuni strumenti di natura metodologica, utili quando si progettano, si realizzano e si analizzano percorsi didattici sulle macchine matematiche. Il quarto capitolo introduce gli approcci strumentali alla conoscenza che fanno capo a Wartofsky, Koyré e Rabardel e, in modo critico, l'approccio cognitivo di Lakoff e Núñez. Il quinto capitolo presenta invece alcuni strumenti di progettazione e interpretazione prodotti dalla ricerca didattica: la mediazione semiotica, la discussione matematica, il nodo semiotico. Per l'approccio al pensiero teorico, due paragrafi sono dedicati alla definizione in geometria (interpretata attraverso il costrutto teorico dei concetti figurali) e alla dimostrazione (con particolare attenzione al costrutto teorico dell'unità cognitiva).

La terza parte presenta una rassegna di esperimenti didattici, sviluppati in diverse nazioni con tradizioni di ricerca diverse (sesto capitolo) o nel Laboratorio delle Macchine Matematiche di Modena (settimo ed ottavo capitolo). Il nono capitolo si occupa dell'espansione al di fuori dalla scuola, con una breve rassegna delle mostre realizzate con macchine matematiche.

Al libro è allegato un cd-rom che contiene immagini a colori delle macchine citate nel testo; animazioni; schede di approfondimento; testi estesi sugli esperimenti didattici. Per favorire la navigazione, la struttura del cd-rom è basata sulla struttura in capitoli e paragrafi del libro. La presenza di materiale sul cd-rom relativo ad un dato argomento è indicata nel libro da un'icona posta accanto al testo. Per la varietà del materiale presente, il cd-rom è interamente accessibile in Windows. Il lettore avrà cura di prendere visione del contenuto del file leggimi prima di iniziare la consultazione del cd-rom.

Il piano del libro è stato preparato da Maria G. Bartolini Bussi, mentre il piano del cd-rom è stato preparato da Michela Maschietto. Per la stesura dei testi, le due autrici hanno operato in collaborazione.

Le citazioni da testi originali pubblicati in lingue diverse dall'italiano, quando non diversamente indicato, si intendono da noi tradotte. Le citazioni da testi antichi in italiano sono state da noi parzialmente adattate all'ortografia corrente. Questa ultima scelta si discosta dall'uso comune nei testi di storia della matematica, ma ci è parsa più adatta al pubblico a cui questo libro è rivolto, anche in previsione di un possibile utilizzo nelle classi.

Nel corso degli anni, ci hanno sostenuto riconoscimenti prestigiosi ottenuti, tra l'altro, dalla Fondazione Altran (che ha selezionato il nostro progetto *Hands-on Maths* per la finale del Altran Foundation Award[2] 2004 sul tema *Discovering, understanding and enjoying Science through innovation*), dalla Pirelli (che ha selezionato il nostro Demo *Perspectiva Artificialis* per la finale del Pirelli INTERNETional Award 2004 – generazione Alice) e dalla rivista *Science et Avenir* che ha pubblicato un ampio servizio sul Laboratorio delle Macchine Matematiche (numero di marzo 2005).

Ci ha incoraggiato a continuare il nostro lavoro, il sostegno di tanti colleghi, che hanno raccolto, in Italia e all'estero, le nostre "provocazioni didattiche". In particolare, ringraziamo:

---

[2] http://www.fondation-altran.org/

- Marcello Pergola, Annalisa Martinez, Marco Turrini e Carla Zanoli, a cui si deve, tra l'altro, la costruzione della collezione delle macchine matematiche: senza la loro affettuosa e instancabile collaborazione, senza la loro continua disponibilità a lasciarsi coinvolgere in mille avventure, questo libro non esisterebbe.
- Ferdinando Arzarello, Paolo Boero, Giampaolo Chiappini, Maria Alessandra Mariotti, con cui, nel corso degli anni, abbiamo discusso la messa a punto del quadro teorico.
- I direttori del Dipartimento di Matematica Pura e Applicata che ci hanno incoraggiato e aiutato concretamente a costruire il Laboratorio delle Macchine Matematiche.
- Gli amici che hanno diviso con noi la passione per le macchine matematiche: Albano Albasini, Mario Barra, Franca Cattelani, Claudio Cavalli, Mario Ferrari, Mauro Francaviglia, Daniela Nasi, Pietro Pantano, Consolato Pellegrino, Pasquale Quattrocchi, Ornella Robutti, Antonio Russo, Margherita Russo e Alessia Schiavi.
- I colleghi che ci hanno sostenuto da lontano: Reinhard Atzbach, Franck Bellemain, Bernard Cornu, David Dennis, Nikolai P. Dolbilin, Bernard Hodgson, Veronica Hoyos, Masami Isoda, Hans Niels Jahnke, Martine Janvier, Jean Marie Laborde, Jan van Maanen, Ingvill Merete Stedøy, Mario A. G. Moreno, Ricardo Nemirovsky, Mogens Niss, Rafael Núñez, Marie José Pestel,, Zsofia Ruttkay, Mamadou Sangaré, Eurivalda Santana, Falk Seeger, Cliff Stoll, Rudolph Straesser, Daina Taimina, Kenji Ueno, Jill Vincent.
- I partner della rete tematica *Maths Alive* (Albrecht Beuthelspacher, Enrico Giusti, Maria Dedò e collaboratori, Manuel Arala Chaves, Eduardo Veloso).
- I membri del gruppo internazionale *BACOMET* (Nicolas Balacheff, Rolf Biehler, Willibald Doerfler, Tommy Dreyfus, Joel Hillel, Celia Hoyles, Geoffrey Howson, Christine Keitel, Jeremy Kilpatrick, Colette Laborde, Michael Otte, Kenneth Ruthven, Anna Siepinska, Heinz Steinbring, Ole Skovsmose).
- Gli amici Franco Conti, John Fauvel, Paolo Fazzini, Miguel de Guzmán, Roberto Sitia e Fernando Zironi, che non sono più tra noi.
- Il prof. Giancarlo Pellacani, rettore dell'Università di Modena e Reggio Emilia.
- Il dr. John M. Saylor, direttore della National Science Digital Library e della Engineering Library della Cornell University (Ithaca, NY).
- Il prof. Alexey Semenov, rettore del Moscow Institute for Open Education, curatore della Mostra nazionale russa presentata in occasione del Congresso Internazionale ICME 10 (Copenhagen, 2004).
- Gli insegnanti ricercatori Valeria Andriano, Mara Boni, Anna Lina Bonetti, Franca Ferri, Rossella Garuti, Anna Mucci, Domingo Paola, Renato Verdiani.
- I giovani dottori di ricerca e i laureati in Matematica che hanno collaborato a diverse parti del progetto: Federica Olivero e Bettina Pedemonte; Lucia Bellotti, Lorella Borciani, Claudia Cavani, Paola Dinelli, Annalisa Di Giorgio, Patrizia Giovanardi, Luisa Porretti, Elisa Postiglione, Elisa Quartieri, Amerina Tufo, Maurizio Vacca, Simona Vangelisti, Cinzia Villani.

Ringraziamo, per le puntuali osservazioni, Livia Giacardi, curatrice della collana *Convergenze* e i revisori anonimi nominati dalla Commissione Scientifica dell'Unione Matematica Italiana.

La nostra attività è sostenuta dall'Università di Modena e Reggio Emilia e dal Dipartimento di Matematica, che hanno, tra l'altro, messo a disposizione spazi per il Laboratorio e per l'officina di falegnameria. La costruzione di macchine e le ricerche didattiche collegate sono state finanziate con gli introiti ottenuti affittando le mostre prodotte e con contributi da vari enti pubblici e privati. Ci limitiamo qui a ricordare i finanziamenti più cospicui ottenuti negli ultimi anni: il contributo dell'Università Italo-Francese al progetto *Perspectiva Artificialis;* il finanziamento ottenuto dalla Commissione Europea per il progetto *Maths Alive*, nell'ambito del Quinto Programma Quadro; la Convenzione con l'Ufficio Scolastico Regionale dell'Emilia Romagna per la realizzazione di mostre itineranti; il cofinanziamento PRIN 2003 del MIUR relativo al progetto *Problemi di insegnamento-apprendimento in matematica: significati, modelli, teorie.*

Infine, ringraziamo l'Unione Matematica Italiana che ci ha consentito di mettere a disposizione degli insegnanti e degli studenti il frutto di molti anni di lavoro.

1
Gli strumenti meccanici: le macchine per tracciare curve e realizzare trasformazioni

Tutti i giorni abbiamo a che fare con macchine matematiche, anche se raramente ci interroghiamo sui modi e le ragioni del loro funzionamento. Le immagini qui sotto riportate mostrano un sottopentola e un cestino da lavoro.

Le strutture che le sostengono sono costituite sostanzialmente da aste rigide che possono ruotare intorno ai perni che le uniscono o scorrere lungo guide rettilinee (*sistemi articolati*).

In questo capitolo ci occuperemo proprio di una particolare famiglia di macchine matematiche, quelle contenenti sistemi articolati. Il più semplice e più antico esempio è il compasso piano, costituito da una sola asta, fissata ad una tavola in uno dei suoi estremi e per il resto libera di muoversi. Già Erone (~ 10 - ~ 75), nel primo secolo dopo Cristo, definisce il cerchio come la figura descritta quando un segmento si muove ruotando intorno ad uno dei suoi estremi sempre restando nello stesso piano, fino a tornare nella posizione iniziale (Heath, 1956, vol. 1), contrapponendo una definizione dinamica e procedurale di cerchio alla definizione statica e relazionale di Euclide (~ 325 a.C. - ~ 263 a.C.).

Un riassunto della storia dei sistemi articolati è dato da Gabriel Koenigs (1858-1931) nel 1897 e ripresa in una bibliografia pubblicata nel 1933 in un numero speciale del Tohoku Mathematical Journal (Kanayama, 1933). Nella bibliografia appare evidente che, nati nella pratica della tecnologia fin dall'antichità, i sistemi articolati entrano nella storia della matematica dopo il 1600, con la massima fioritura documentata negli ultimi decenni dell'Ottocento. In quegli anni si studiano prevalentemente problemi teorici, collegati al tracciamento di curve algebriche piane per mezzo di opportuni sistemi articolati (tema affron-

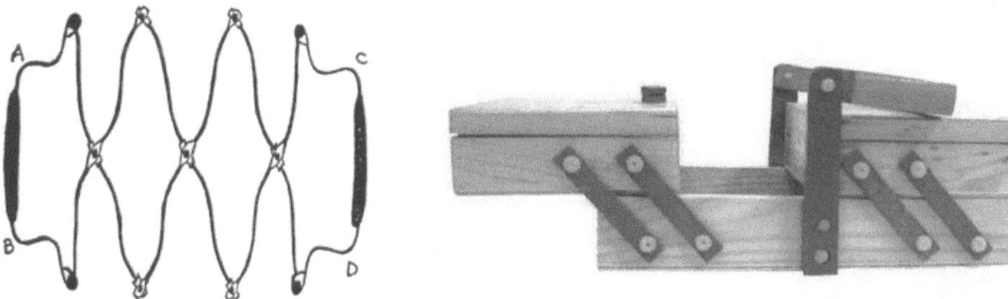

Figura 1.1 esempi di sistemi articolati

tato nel paragrafo 8). Più tardi, i sistemi articolati sono oggetto di studio nel settore della matematica applicata. Nei primi decenni del Novecento l'interesse diminuisce e si rinnova solo recentemente, quando si ha una ripresa sia nella geometria algebrica (Kapovich, Millson, 2002), sia nella matematica applicata, per la ricerca dei migliori algoritmi che possano consentire il movimento di un robot in uno spazio contenente ostacoli[1].

Da un punto di vista culturale, quindi, la storia dei sistemi articolati può rappresentare in modo emblematico la lunga storia dei complessi rapporti tra la matematica e la tecnologia.

1.1 Il compasso di Euclide

I mezzi di calcolo dell'antichità classica ed ellenistica sono i vari tipi di abaco (quando sono in gioco numeri interi) e l'algebra geometrica. Quest'ultima, ampiamente illustrata negli *Elementi* di Euclide (Frajese, Maccioni, 1970), offre il procedimento di soluzione per diversi tipi di problemi, che oggi risolveremmo in modo algebrico: un problema è tradotto in linguaggio geometrico, rappresentando i dati con lunghezze di segmenti; risolvere il problema equivale a costruire geometricamente un segmento che ne rappresenta la soluzione, intersecando rette e cerchi. Si usano come strumenti la riga e il compasso. Quest'ultimo caratterizza, nell'iconografia, l'attività matematica fin dall'epoca alessandrina.

Vediamo un esempio dal libro VI, nel quale, ovviamente si fa riferimento ai teoremi già dimostrati nei libri precedenti.

Esempio (Euclide, VI, 13)

"*Date due rette, trovare [fra esse] la media proporzionale*

Figura 1.2

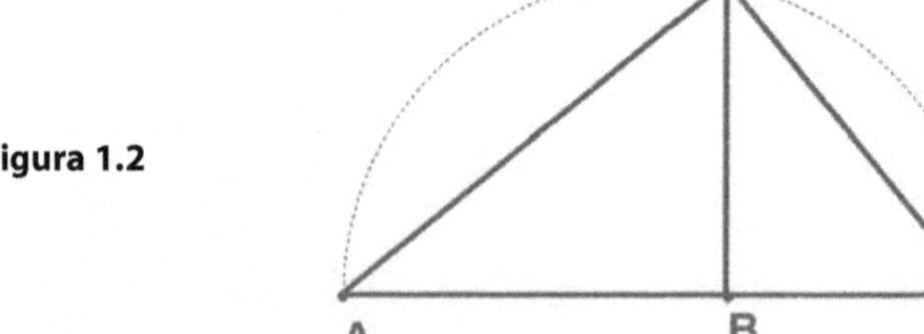

[1] http://www.ams.org/featurecolumn/archive/linkages1.html

Siano AB, BC le due rette date; si deve dunque trovare la media proporzionale fra AB, BC.

Si pongano in linea retta fra loro, e su AC si descriva il semicerchio ADC, dal punto B si conduca la retta BD perpendicolare alla retta AC, e si traccino le congiungenti AD, DC.

Poiché l'angolo ADC è un angolo in un semicerchio, esso è retto. E poiché nel triangolo rettangolo ADC è stata condotta dal vertice dell'angolo retto la perpendicolare DB sulla base, si ha che DB è media proporzionale fra le parti AB, BC della base.

Dunque date le due rette AB, BC, è stata trovata la media proporzionale DB fra esse.„

Si è così trovato il segmento DB tale che

$$AB : DB = DB : BC.$$

Ciò equivale a trovare un quadrato equivalente a un rettangolo dato.

Gli strumenti utilizzati nella costruzione geometrica del segmento soluzione sono la riga e il compasso. Questa scelta, destinata ad influenzare per millenni l'idea stessa di geometria, è dichiarata in modo esplicito nei primi tre postulati degli *Elementi* di Euclide:

"*1. [È possibile] tracciare un segmento da ogni punto a ogni punto.*

2. [È possibile] prolungare con continuità un segmento in una retta.

3. [È possibile] tracciare un cerchio con qualsiasi centro e raggio.„

Mentre la documentazione sull'evoluzione successiva è molto ricca, è incerta e ancora discussa la ragione della scelta di questi strumenti, che si perde nel buio delle origini della geometria. Oltre a varie interpretazioni, di natura filosofica, epistemologica o religiosa, talvolta molto discordanti, si è avanzata quella che sottolinea la valenza tecnica della riga e del compasso.

"*La soluzione ottenuta con riga e compasso aveva due caratteristiche che la rendevano particolarmente utile: innanzitutto aveva un errore relativo molto piccolo (dell'ordine del rapporto tra spessore e lunghezza di una linea disegnata) e nessuna applicazione tecnica poteva aspirare a una precisione maggiore ; inoltre era facilmente riproducibile per risolvere problemi eguali con dati numerici diversi. [...] L'efficienza dell'algebra geometrica basata sulla riga e il compasso era strettamente connessa alla possibilità di effettuare precisi disegni su fogli di papiro.*„ (Russo, 1996).

Secondo Russo, dunque, riga e compasso sono gli strumenti di calcolo più sensibili, precisi e affidabili per risolvere problemi sui fogli di papiro. La teoria sviluppata e raccolta negli *Elementi* sviluppa un modello matematico delle attività eseguibili con tali strumenti, vincolandosi a rigorosi canoni di scientificità: il criterio di esistenza per gli oggetti geometrici è dato dalla costruibilità (con riga e compasso).

Qualunque sia stata la ragione della scelta della riga e del compasso soltanto, questa identifica la geometria elementare come la teoria delle costruzioni eseguibili con rette e cerchi, cioè la teoria dei problemi piani, secondo la distinzione di Pappo (~ 290 - ~ 350), ripresa poi da René Descartes (1596-1650) in *La Géométrie* (Lojacono, 1983).

1.2 Il compasso di Nicomede

La riga e il compasso non sono gli unici strumenti noti ai geometri alessandrini. È documentato, ad esempio, l'uso di uno strumento, il compasso di Nicomede (~ 280 a.C. - ~ 210 a.C) che, costruendo la *concoide* (Fig. 1.3), consente di "inserire" un segmento di lunghezza assegnata tra due curve date, in modo che la retta contenente il segmento passi per un punto dato (vedi Heath, 1956 vol. 1). È il cosiddetto procedimento di *neusis*, per mezzo del quale si risolvono alcuni problemi classici non risolubili con riga e compasso (la duplicazione del cubo, la trisezione dell'angolo, l'inserimento di più medi proporzionali).

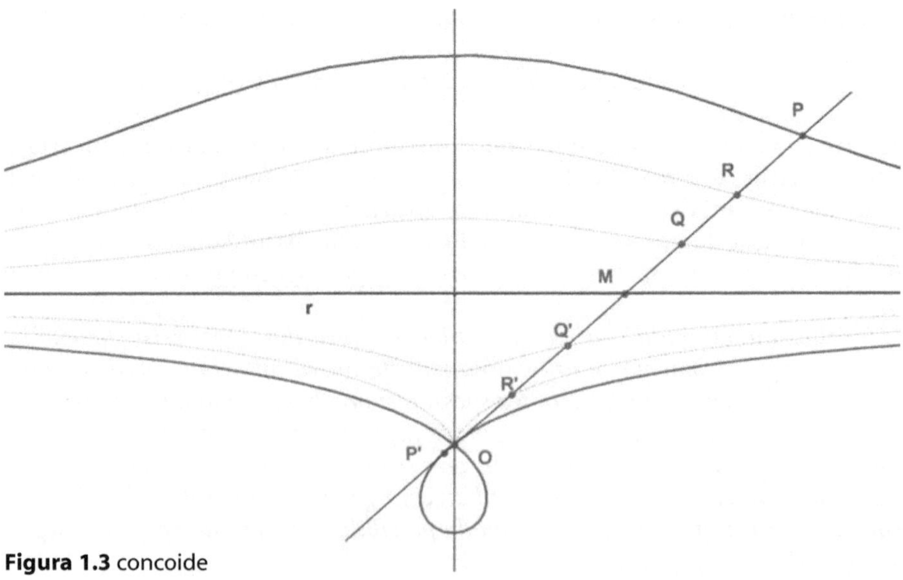

Figura 1.3 concoide

Definizione della concoide

Sono dati nel piano (Fig. 1.3):

- una retta r (*base*);
- un punto O (*polo*) non appartenente alla base;
- un segmento m (*modulo*).

Sia M un punto variabile sulla retta base (punto *direttore*). Sulla retta OM si determinino due punti P e P' (punti *tracciatori*, da parti opposte di M) tali che:

$$MP = MP' = m.$$

Il luogo dei punti P e P' al variare di M si chiama *concoide* (Fig. 1.3).

Nel piano euclideo, la concoide così definita è costituita da due componenti connesse, ciascuna appartenente ad uno dei due semipiani di origine r. La retta base è un asintoto. La retta per il polo perpendicolare alla retta base è un asse di simmetria.

Nella Fig. 1.3 sono tracciati tre esempi di concoide che corrispondono a tre situazioni diverse:

$d(O, r) < m$: i punti tracciatori sono P e P'
$d(O, r) = m$: i punti tracciatori sono R e R'
$d(O, r) > m$: i punti tracciatori sono Q e Q'.

In uno dei due semipiani, gli archi di concoide hanno forme che si assomigliano (e che ricordano per un tratto il bordo di una conchiglia). Nell'altro semipiano, invece, il comportamento nell'intorno del polo è diverso:

$d(O, r) < m$ (punti tracciatori sono P e P'):
il punto O è un nodo a tangenti distinte;
$d(O, r) = m$ (punti tracciatori sono R e R'):
il punto O è una cuspide;
$d(O, r) > m$ (punti tracciatori sono Q e Q').

Nel paragrafo 6 sarà calcolata l'equazione della concoide. L'uso della concoide nella soluzione del problema della trisezione dell'angolo è presentato nel cd-rom.

1.3 Il compasso di Descartes

Descartes discusse lungamente di musicologia con l'amico Isaac Beeckman (Shea, 1994), studiando in particolare il problema di come inserire un certo numero di medi proporzionali tra due corde di lunghezza data. Fin dall'antichità sono noti metodi per inserire con riga e compasso un medio proporzio-

nale tra due segmenti dati (vedi paragrafo 1) e con strumenti particolari, più complessi, due medi proporzionali x e y tra due segmenti dati a e b:

$$a : x = x : y = y : b.$$

La soluzione trovata molti anni prima della pubblicazione de *La Géométrie* (e poi lì ripresa, se pure con scopi un po' diversi) è quella del cosiddetto "compasso" (Fig. 1.4).

"*Osservate le linee AB, AD, AF e simili, che suppongo descritte con l'aiuto dello strumento YZ, composto di parecchi regoli, congiunti in modo tale che, tenuto fermo quello indicato YZ sulla linea AN, si possa aprire e chiudere l'angolo XYZ, e che, quando è tutto chiuso, i punti B, C, D, <E>, F, G, H, sian tutti riuniti nel punto A; ma che, man mano che lo si apre, il regolo BC, che è unito ad angolo retto con XY nel punto B, spinga verso Z il regolo CD, che scorre lungo YZ, formando sempre con questo un angolo retto. In modo simile CD spinge DE, che scorre ugualmente lungo YX, rimanendo parallelo a BC; DE spinge EF; EF spinge FG; questo GH.*„

Descartes è perfettamente consapevole della natura teorica del suo compasso che richiederebbe regoli "infinitamente sottili":

"*Possiamo poi concepire un'infinità di altri regoli, che si spingano successivamente nello stesso modo, tra i quali alcuni formino sempre gli stessi angoli con YX e gli altri con YZ.*„

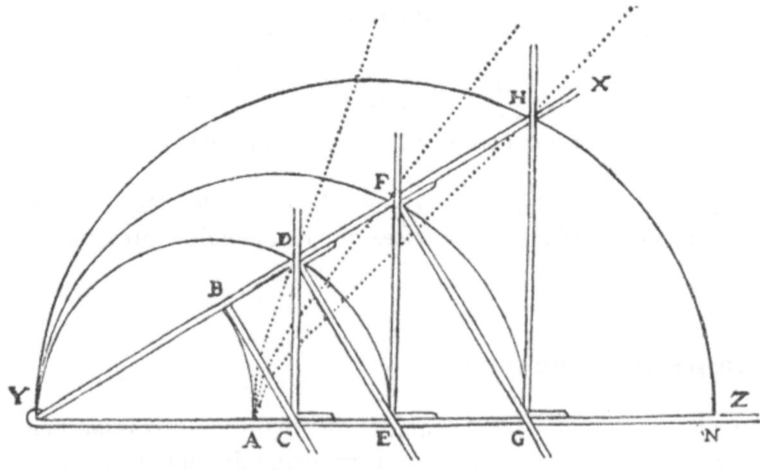

Figura 1.4 disegno di Descartes

1.4 Tracciare coniche: dai luoghi solidi alla costruzione per punti

Le coniche sono studiate fin dall'epoca alessandrina, sia nella geometria teorica che nelle applicazioni. È fuori dagli scopi di questo volume seguire in dettaglio la loro storia (per esempio Coolidge, 1947). Per i nostri scopi basterà ricordare che esse sono nell'antichità *luoghi solidi*, cioè ottenuti come sezioni piane di un cono.

Euclide (Libro XI) definisce tre tipi di coni circolari retti:

"*XVIII. Cono è la figura che viene compresa quando, in un triangolo rettangolo, resti immobile uno dei lati comprendenti l'angolo retto, e si faccia ruotare il triangolo intorno ad esso finché non ritorni nuovamente nella stessa posizione da cui si cominciò a farlo muovere. E se la retta che rimane immobile è uguale all'altra comprendente l'angolo retto e che vien fatta ruotare, il cono sarà rettangolo, se invece è minore, il cono sarà ottusangolo, e se è maggiore, sarà acutangolo.*„

A partire da essi, con una sezione ortogonale all'ipotenusa del triangolo, si ottengono i tre tipi di coniche: l'*ortotome* (fig. 1.5, detta poi parabola), l'*amblitome* (fig. 1.6 detta poi iperbole) e l'*oxitome* (fig. 1.7 detta poi ellisse):

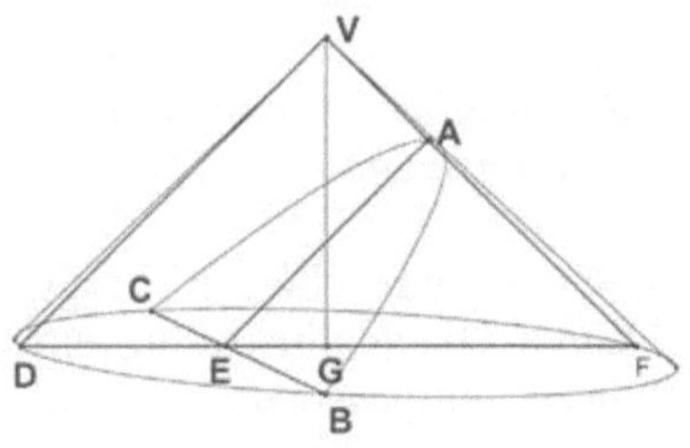

Figura 1.5 ortotome

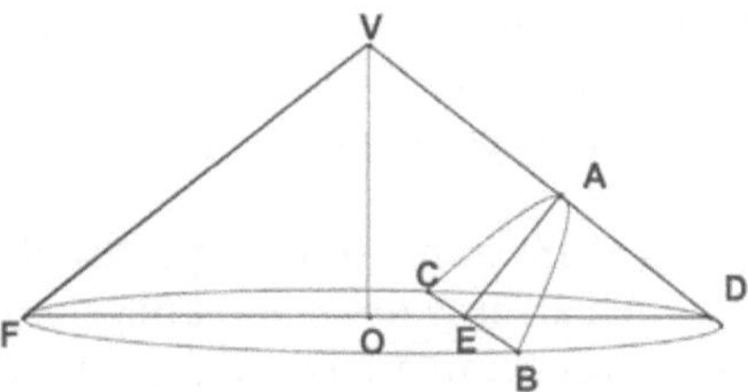

Figura 1.6 amblitome

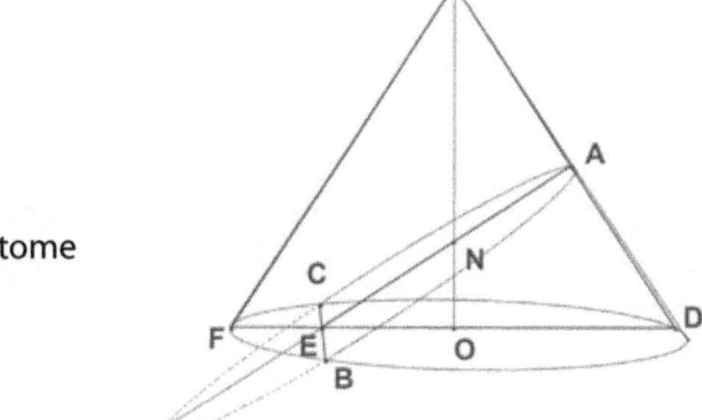

Figura 1.7 oxitome

Sul modello tridimensionale, si studiano le proprietà caratteristiche (*sintomi*) della sezione, espresse nella forma di proporzioni tra segmenti leggibili sul modello. Nel cd-rom è riportata la dimostrazione nel caso dell'ortotome. La determinazione del sintomo dell'ortotome condotto da un gruppo di studenti della scuola superiore (IV liceo scientifico) sarà documentato nel Capitolo 8 paragrafo 3.

La sezione di un cono circolare retto materiale può fornire una maschera per tracciare un arco di conica su un foglio. Tuttavia, il procedimento non è né semplice né preciso.

Il brano (in Toomer, 1976) che segue mostra come Diocle (~ 240 a.C. - ~ 180 a.C.) descrive il modo di ottenere il disegno di un arco di parabola, da utilizzare per la produzione di specchi ustori, a profilo parabolico.

"*Quando l'astronomo Zenodoro venne in Arcadia e ci fu presentato, ci chiese come trovare uno specchio tale che quando esso è posto di fronte al sole i raggi riflessi si incontrino in un punto e provochino l'accensione del fuoco. Noi vogliamo spiegare la risposta [...] .*

La superficie di uno specchio ustorio qui proposta è la superficie che circonda la figura prodotta da una ortotome che ruota intorno alla linea che la dimezza (cioè l'asse) [...].

Noi crediamo che sia possibile costruire uno strumento ustorio che ha una proprietà speciale, cioè che si possono con esso costruire lampade che producono fuoco nei templi in occasione di sacrifici, in modo che si veda chiaramente il fuoco bruciare le vittime sacrificali; questo accade, come siamo stati informati, in certe città lontane, specialmente in occasione di grandi celebrazioni: questo causa nel popolo grande meraviglia. E questo faremo anche noi.„

Dopo avere dimostrato, a partire dal sintomo dell'ortotome, che tutti i raggi paralleli all'asse della parabola sono riflessi nel fuoco, Diocle illustra un semplice procedimento con cui ottenere, mediante riga e compasso, quanti punti si voglia di un arco di parabola. È curioso osservare che lo strumento descritto da Diocle per congiungere (interpolare) i punti così ottenuti non è molto diverso, se non nel materiale, dai regoli flessibili usati ancora oggi dai disegnatori (Fig. 1.8).

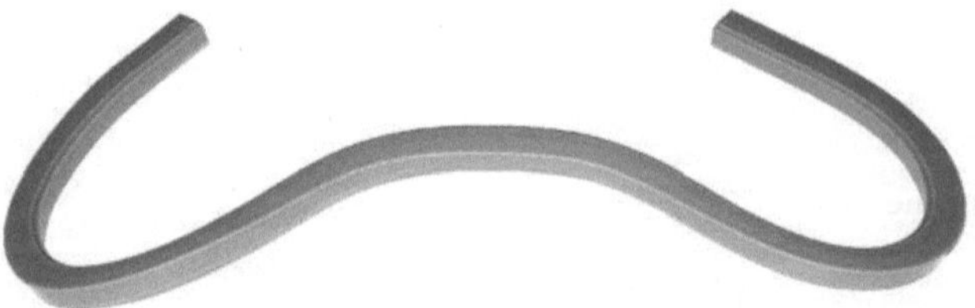

Figura 1.8 regolo flessibile

Proposizione 4

"Come formiamo la curvatura dello specchio ustorio se vogliamo che il punto in cui c'è il fuoco sia a distanza data dal centro della superficie dello specchio?„

Il procedimento suggerito è il seguente (Fig. 1.9):

È dato AB tale che 2AB = *p*.
Costruire il quadrato di lato AB: ABEF.
Costruire AK = 2AB.
Costruire il quadrato di lato AK: AKSR.
Prendere G su AB.
Costruire GZ parallela ad AK.
Costruire M come intersezione di GZ e KR.
Costruire il cerchio *c* di centro A e raggio GM.
Costruire P come intersezione di *c* e GM.
I punti KPB stanno su una parabola di vertice B e fuoco A (RS è la direttrice).

"*Così se segniamo numerosi punti (G, H, eccetera) su AB e ripetiamo il procedimento, e curviamo lungo i punti ottenuti un regolo flessibile fatto di corno, fissandolo in modo che non si muova e poi disegniamo una linea lungo esso e tagliamo la tavoletta lungo la linea e poi diamo forma alla curvatura della figura che vogliamo fare in modo che si adatti alla sagoma, il fuoco da questa superficie sarà nel punto A, come si è dimostrato nella prima proposizione.„*

Il procedimento suggerito da Diocle può essere iterato quanto si vuole. Il passaggio al continuo è da Diocle realizzato con il regolo flessibile "interpolatore" che dunque fornisce una soluzione approssimata. La realizzazione della

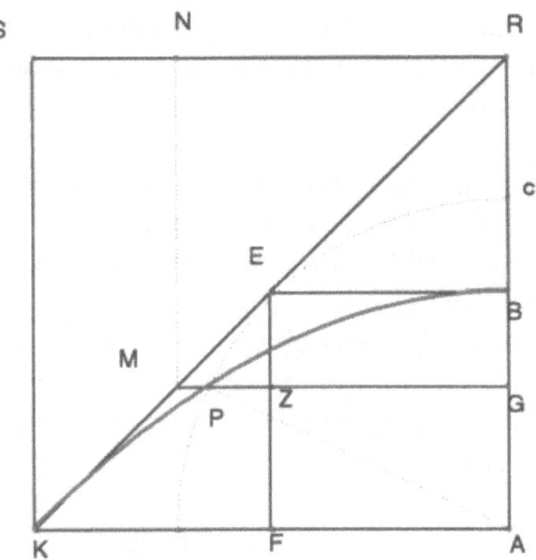

Figura 1.9 metodo di Diocle

costruzione di Diocle con un software di geometria dinamica come Cabri consente di "dare l'impressione" di un tracciamento continuo, utilizzando il comando "traccia", ma è opportuno ricordare che anche in questo caso si costruiscono solo punti isolati, che sono poi interpolati.

1.5 Tracciare coniche: la geometria organica

L'uso di strumenti meccanici per tracciare coniche (e altre curve) è diffuso fino dall'antichità, ma ha una straordinaria fioritura dopo la pubblicazione de *La Géométrie* di Descartes, in cui si elabora una vera e propria teoria degli strumenti nella soluzione dei problemi.

Nell'antichità la completa identificazione tra strumento tracciatore e curva tracciata si realizza per rette e cerchi. In altri casi, curve e strumenti mantengono una relativa autonomia, collegata alla separazione tra uso pratico degli strumenti e studio teorico di particolari curve (come le coniche).

Descartes si pone un problema fondamentale: quali sono le linee che possono essere accolte in geometria? Egli distingue le curve in geometriche (algebriche) e meccaniche (trascendenti) e non presenta un criterio unico di selezione tra le curve da accogliere come geometriche e le altre, ma diversi a seconda del diverso modo che viene usato per descrivere una curva: con un'equazione, con strumenti rigidi, con fili, per punti (vedi Giusti, 1990b).

Tuttavia, come dice Giusti (1990b), "*il rapporto curva-equazione occupa la posizione centrale nella Géométrie, determinando problemi e metodi, scelte ed esclusioni; in breve, la direzione dell'indagine*„. Le curve ammissibili sono quelle "*geometriche*", così descritte da Descartes:

"*[...] tutti i punti di quelle curve che possiamo chiamare Geometriche (rispondenti cioè a misure precise ed esatte) stanno necessariamente con tutti i punti di una retta in una certa relazione che può essere espressa per tutti i punti per mezzo di una singola equazione.*„

Accanto alla nuova descrizione delle curve per mezzo di equazioni, Descartes accoglie la tradizione delle curve costruite per mezzo di strumenti tracciatori, rendendo plausibile e accettabile ai matematici della sua epoca l'identificazione tra un oggetto conosciuto (le curve costruite) e un oggetto nuovo (le curve-equazione). Ecco quindi che le curve che poi saranno chiamate *algebriche* sono "[linee tali] *che sia possibile immaginarle descritte da un movimento continuo, o da più movimenti che si susseguano l'un l'altro e i seguenti siano interamente determinati dai precedenti.*„

Il riferimento allo strumento tracciatore, coinvolgendo la continuità del moto, garantisce, a differenza della costruzione per punti, la soluzione dei problemi riconducibili all'intersezione di tali curve.

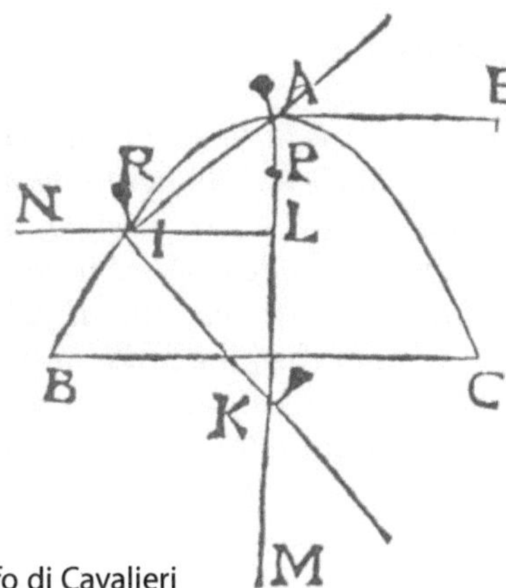

Figura 1.10 parabolografo di Cavalieri

L'uso del tracciatore è essenzialmente teorico, non solo perché è pensato a prescindere da un'effettiva realizzazione, ma anche perché si contrappone alla genesi della curva punto a punto, che permette di costruire solo un numero finito di punti. Secondo le parole di Henri Léon Lebesgue (1875-1941):

"*Utilizzare un tracciato grafico o meccanico significa semplicemente arrogarsi il diritto di dire che abbiamo effettuato tutte le prove, dove la parola tutte ricopre un'infinità di prove avente la potenza del continuo.*„ (Lebesgue, 1950)

Il riferimento allo strumento favorisce lo sviluppo di numerosi trattati di geometria "organica" (cioè geometria degli strumenti), ad opera di Bonaventura Francesco Cavalieri (1598-1647), Frans van Schooten (1615-1660), Guillaume F. A. L'Hôpital (1661-1704), Isaac Newton (1643-1727), ecc. che progettano e studiano dozzine di tracciatori per vari tipi di curve algebriche. Dalle proprietà geometriche della curva si ricava così uno strumento in grado di tracciarla, almeno in una regione limitata del piano. Il nuovo elemento introdotto da Descartes, l'equazione che rappresenta la curva tracciata, è messo in relazione con lo strumento tracciatore.

Abbiamo qui riportato (Fig. 1.10) un esempio di tracciatore di coniche: si tratta dello strumento di Cavalieri per la parabola. Altri esempi sono presenti nel cd-rom, unitamente alle animazioni.

1.6 Curve, strumenti, equazioni

Il primo esempio di strumento tracciatore studiato nei dettagli da Descartes nel libro secondo de *La Géométrie* è un caso di *iperbolografo* (Fig. 1.11).

L'iperbolografo di Descartes

"Se voglio sapere di qual genere[2] *è la linea EC descritta - così suppongo - mediante l'intersezione del regolo GL e della figura piana CNKL, il cui lato KN è prolungato indefinitamente verso C e che, essendo mosso in linea retta sul piano verso la parte sottostante (in modo cioè che il suo lato KL giaccia sempre lungo la linea BA prolungata nell'una e nell'altra direzione), fa ruotare questo regolo GL intorno al punto G, dato che gli è unito in modo da passare sempre per il punto L, scelgo una retta come AB, per riferire ai suoi diversi punti tutti quelli della curva EC, e lungo questa retta AB, scelgo un punto A, per iniziare da esso tale calcolo.„*

La scelta del sistema di riferimento è dunque dettata dallo strumento (Fig. 1.11).

"Dopo, prendendo un punto a piacere sulla curva, come C, su cui suppongo applicato lo strumento che serve per tracciarla, conduco da questo punto C la linea CB parallela a GA; e, dato che CB e BA sono due quantità indeterminate, le chiamo una y *e una* x. *Al fine però di trovare la relazione che sussiste tra esse, considero pure le quantità note che determinano la descrizione di questa curva, e precisamente: GA che chiamo* a, *KL che chiamo* b, *e NL, parallela a GA, che chiamo* c.„

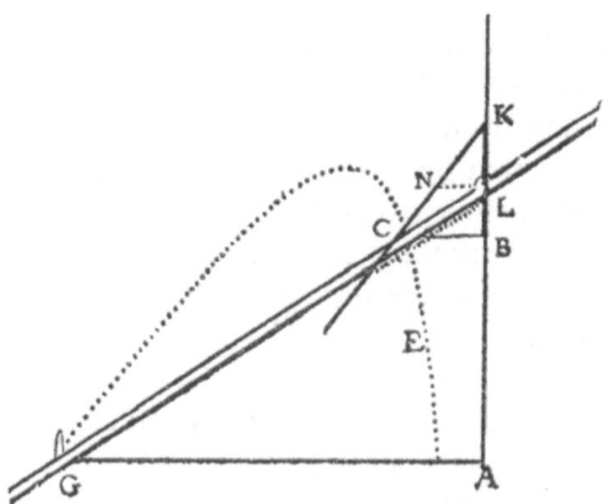

Figura 1.11 iperbolografo di Descartes

---

[2] Il *genere* di una curva è da Descartes collegato al grado dell'equazione: il primo genere è quello delle curve la cui equazione è al massimo di secondo grado, il secondo di quelle la cui equazione è di terzo o quarto grado e così via.

Dopo avere identificato le quantità indeterminate:

$$CB = y \quad BA = x$$

e le quantità note:

$$GA = a \quad KL = b \quad NL = c,$$

Descartes procede confrontando i triangoli simili NKL e CKB da cui ricava:

$$NL : LK = CB : BK$$

cioè

$$BK = \frac{b}{c}y, \quad BL = \frac{b}{c}y - b \quad \text{e} \quad AL = x + \frac{b}{c}y - b.$$

Dal confronto dei triangoli simili CBL e GAL, ricava:

$$CB : BL = GA : AL$$

cioè

$$y : \left(\frac{b}{c}y - b\right) = a : \left(x + \frac{b}{c}y - b\right).$$

Uguagliando il prodotto dei medi e degli estremi si ottiene l'equazione:

$$yy = cy - \frac{c}{b}xy + ay - ac,$$

da cui, Descartes conclude:

"si constata che linea EC è del primo genere; e, in effetti, non è che un'Iperbole.„

La scelta del sistema di riferimento è legata alle caratteristiche dello strumento. Descartes dichiara che questa scelta non influenza il calcolo del genere della curva e ha il vantaggio di rendere "*l'equazione più breve e più facile*„.

Equazione della concoide

Si può vedere come la scelta di un opportuno riferimento polare rende estremamente breve e facile anche la determinazione dell'equazione della concoide (cfr. Fig. 1.12). Questo calcolo è, ovviamente, un anacronismo, dato che né le coordinate cartesiane, né, tantomeno, le coordinate polari erano in uso all'epoca di Nicomede.

Si scelga un sistema di riferimento polare con:

- polo O
- asse polare dato dalla perpendicolare ad *r* uscente da O.

Le coordinate polari di P sono (ρ,θ) con:

$$\rho = OP\ ;\ \theta = X\hat{O}P.$$

Si era posto: $MP = m.$

Si ponga ora: $d(O, r) = d.$

Si ottiene facilmente: $OM \cos\theta = d.$

E quindi, essendo

$$\rho = OM + m,$$
$$\rho\cos\theta = OM\cos\theta + m\cos\theta = d + m\cos\theta.$$

Analogamente per il punto P' si ottiene:

$$\rho\cos\theta = OM\cos\theta + m\cos\theta = d - m\cos\theta.$$

Dunque l'equazione polare della concoide è:

$$\rho\cos\theta = d \pm m\cos\theta.$$

Passando al sistema cartesiano associato, tenuto conto che:

$$x = \rho\cos\theta = \sqrt{x^2 + y^2}\cos\theta,$$

si ottiene:

$$(x - d)^2 (x^2 + y^2) - m^2x^2 = 0.$$

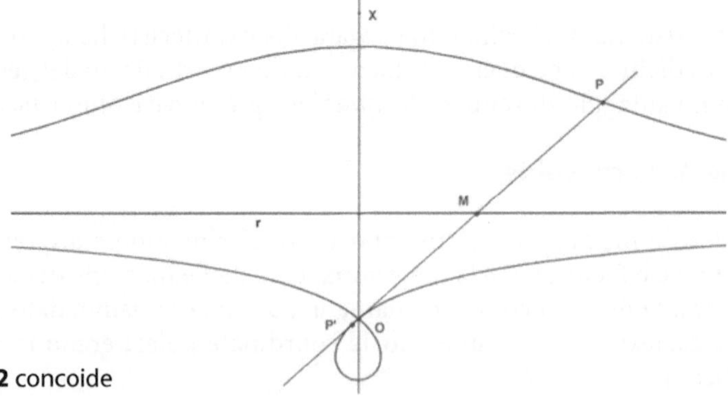

Figura 1.12 concoide

1.7 La guida rettilinea

L'analisi compiuta nei paragrafi precedenti suggerisce un problema che riguarda la retta (o, meglio, il segmento):

Si può costruire uno strumento (un compasso "rettilineo") in grado di forzare uno dei suoi punti a percorrere una traiettoria rettilinea?

Il problema ha una duplice natura, tecnica e teorica. Dal punto di vista tecnico, la necessità di trasformare un moto circolare in un moto rettilineo è sicuramente molto antica. Come vedremo nel seguito, fino alla metà dell'Ottocento ci si accontenta di soluzioni approssimate, sufficienti alle realizzazioni pratiche. La speculazione teorica e la ricerca di soluzioni rigorose si colloca nel filone della "geometria organica", avviato con *La Géométrie* di Descartes nel 1637.

Nella geometria organica, si assiste ad un progressivo spostamento di interesse dallo studio dei singoli strumenti per tracciare curve allo sviluppo di una teoria dei tracciatori costituiti da sistemi articolati. Da un lato i geometri delimitano l'insieme delle curve tracciabili con un sistema articolato costituito da n aste (segmenti); dall'altro si interrogano sulle caratteristiche di un sistema articolato che possa tracciare una curva data. Curiosamente, tra le curve elementari, quella che resiste di più agli attacchi dei geometri è proprio la più semplice, la retta. Nel 1877 Alfred B. Kempe (1849-1922) pubblica un volumetto tratto da una serie di conferenze rivolte agli insegnanti. Nel volumetto, intitolato *How to draw a straight line?*, Kempe introduce il problema in questo modo:

"*La retta, come la descriveremo? Euclide la definisce come 'quella che giace allo stesso modo rispetto ai suoi punti'. Ma questo non ci aiuta molto. I nostri testi dicono che il primo e il secondo postulato postulano l'uso di una riga. Ma in questo modo si entra in un circolo vizioso. Se si disegna una retta con una riga, la riga deve essa stessa avere un bordo rettilineo: e come possiamo ottenere questo bordo? In questo modo torniamo al punto di partenza.*„

Nonostante il riferimento a strumenti concreti, il problema è chiaramente teorico. Tuttavia, c'è un corrispondente tecnologico di questo problema: come guidare l'asta del pistone di una macchina a vapore in un moto rettilineo alternato? Il problema, risolto in modo approssimato da James Watt (1736-1819) nel 1784, è collegato alla storia della macchina a vapore ed all'evoluzione del sistema biella-manovella. Il meccanismo di Watt (uno dei più antichi sistemi articolati usati nella tecnica) lo risolve sfruttando curve a "lunga inflessione" che, in prossimità del punto di flesso, hanno andamento pressoché rettilineo (Fig. 1.13). Per decenni si crede che la soluzione di Watt sia la migliore, ovvero che non esista nessuna soluzione rigorosa.

Ma nel 1864 Charles Nicolas Peaucellier (1832-1913) inventa un sistema articolato a 7 aste in grado di fornire una soluzione rigorosa, contenuta in una regione limitata del piano.

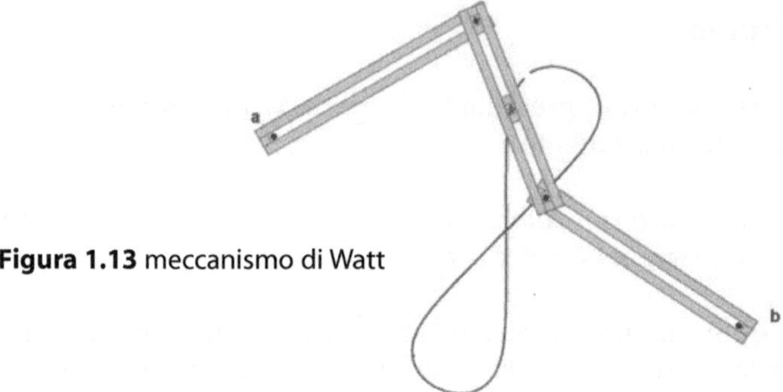

Figura 1.13 meccanismo di Watt

Inversore di Peaucellier

L'inversore di Peaucellier (fig. 1.14) consiste di 6 aste (AD = AB = a, DE = DF = BF = BE = b) che formano un rombo articolato DEBF collegato ad un punto fisso A del piano per mezzo delle aste AB e AD. Vale la seguente proprietà:

se per mezzo di una manovella, il punto E è costretto a muoversi su un cerchio passante per un perno fissato in A, allora F, corrispondente di E nell'inversione circolare di centro A, percorre un segmento di retta.

Durante la deformazione del sistema articolato, i punti A, E, F sono sempre allineati sulla bisettrice dell'angolo BAD (Fig. 1.15). Inoltre, tracciata il cerchio di centro D e raggio DF = b, applicando il teorema delle secanti (e misurando le lunghezze a partire dal punto fisso A, assunto come origine) si ricava:

$$AE \times AF = AT \times AS = (AD - DT) \times (AD + DS) = (a - b) \times (a + b).$$

Cioè:

$$(1)\ AE \times AF = a^2 - b^2,$$

costante (> 0) qualunque sia la configurazione assunta dallo strumento.

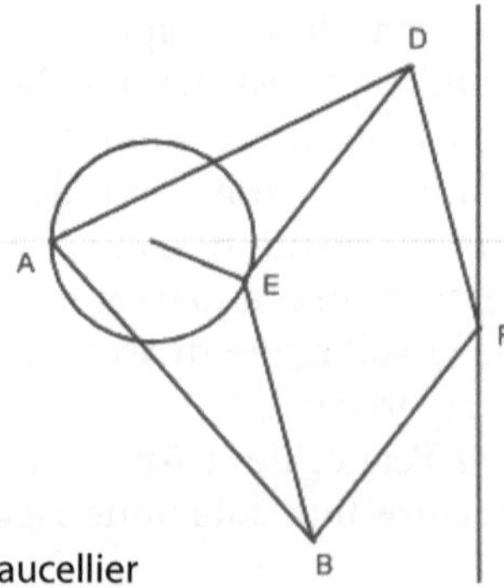

Figura 1.14 inversore di Peaucellier

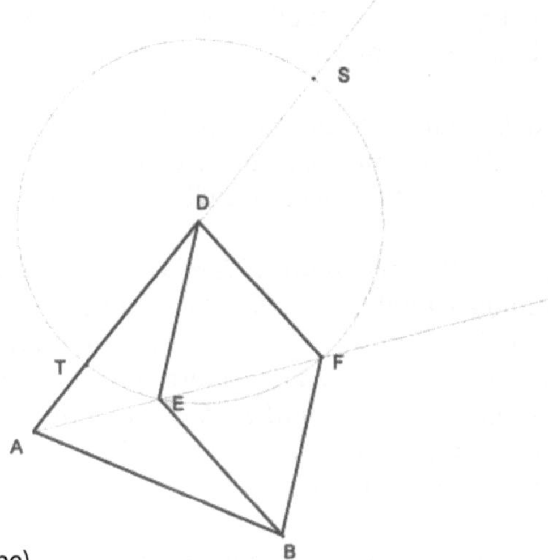

Figura 1.15 inversore di Peaucellier (dimostrazione)

I punti E ed F si corrispondono quindi in un'inversione circolare avente come cerchio base, di centro A e raggio

$$R = \sqrt{a^2 - b^2}.$$

Il punto E si muove internamente alla regione piana limitata dai cerchi di centro A e raggi rispettivamente $r = (a - b)$ e R (sopra indicato): il sistema articolato costruisce l'inverso di ogni punto di tale regione (corona circolare) rispetto ai cerchi base.

In un riferimento cartesiano avente l'origine nel perno fisso (A in Fig. 1.15), indicando con $(x; y)$ e $(x'; y')$ le coordinate dei punti corrispondenti (E ed F in Fig. 1.15), le relazioni precedenti (1) si scrivono:

$$\sqrt{(x^2 + y^2)(x'^2 + y'^2)} = R^2 = (a^2 - b^2);$$

i punti A, E, F appartengono inoltre alla retta

$$yx' - xy' = 0.$$

Quest'ultima equazione insieme alla precedente forma un sistema che (risolto rispetto a x' e y') fornisce:

$$\begin{cases} x' = \dfrac{R^2 x}{x^2 + y^2} \\ y' = \dfrac{R^2 y}{x^2 + y^2} \end{cases}.$$

Anche la retta si aggiunge così all'insieme delle curve tracciabili con l'uso di sistemi articolati, riempiendo una lacuna antica.

La quantità della curve conosciute nell'Ottocento è notevole. Gino Loria (1862 - 1954) le descrive nel 1930 nei tre volumi sulle *Curve Piane Speciali, Algebriche e Trascendenti*, scrivendo nella prefazione:

"*alla formazione della variopinta schiera di curve particolari, algebriche e trascendenti, oggi note contribuirono pressoché tutti i matematici che si seguirono dall'epoca greca sino ai nostri giorni, gli uni sospinti dal desiderio di accrescere il numero delle figure geometriche meritevoli di studio, gli altri da quello di interpretare geometricamente qualche formula di analisi, alcuni animati dalla speranza di risolvere certi problemi geometrici sinora ribelli, altri guidati da applicazioni meccaniche e fisiche.*„

La riga e il compasso, che nella geometria classica avevano la funzione di veri e propri strumenti di calcolo, sono ancor oggi così familiari e diffusi che difficilmente si riflette sulla loro profonda differenza: usando la riga, si ricopia sul foglio una traiettoria rettilinea già costruita in precedenza; invece il compasso incorpora una legge (proprietà) geometrica che costringe il tracciatore a descrivere una determinata traiettoria (inesistente prima che il movimento si verifichi). Nella riga, la retta è fisicamente presente; nel compasso è materializzata la proprietà che definisce un cerchio.

1.8 Il teorema di Kempe

Il problema dell'identificazione dell'insieme delle curve, che si chiameranno algebriche, con l'insieme delle curve prodotte da opportuni tracciatori resta aperto fino al 1876, quando è risolto da Kempe. Il teorema dimostrato da Kempe riguarda

"*un metodo generale per descrivere le curve piane di grado n per mezzo di sistemi articolati.*„

Si chiude il problema aperto da Descartes, in un momento in cui curve ed equazioni, ormai completamente identificate teoricamente all'interno della geometria algebrica, hanno abbandonato ogni riferimento ai tracciatori pratici e teorici.

La dimostrazione si basa su diversi Lemmi, ognuno dei quali riguarda l'azione elementare di un sistema articolato particolare. Nel seguito sarà presentata la traccia della dimostrazione prima di completarla con i lemmi necessari. La dimostrazione è ripresa, con pochi adattamenti, dal testo originale (Kempe, 1876). Si rinvia al cd-rom per alcuni esempi ed esercizi.

Teorema

Data una curva algebrica piana Γ di grado n e dato un qualsiasi punto P su Γ, esiste un sistema articolato che traccia Γ in un intorno di P.

Analisi del problema

Sia

$$F(x, y) = 0$$

l'equazione di Γ sia P un punto di essa di coordinate (x; y). Si costruisce un parallelogramma articolato OAPB chiamando

$$OA = BP = a,$$

$$OB = AP = b,$$

$$X\hat{O}A = \alpha,$$

$$X\hat{O}B = \beta.$$

Segue che:

$$x = a\cos\alpha + b\cos\beta$$

$$y = a\cos(\alpha - \pi/2) + b\cos(\beta - \pi/2).$$

Dopo aver sostituito questi valori nel polinomio $F(x, y)$, si sviluppano le potenze dei coseni in coseni di angoli multipli degli argomenti. Sostituendo poi i prodotti di coseni in coseni di somme e differenze, si ottiene:

$$F(x,y) = \left[\ \sum_i A_i \cos(r_i\alpha \pm s_i\beta \pm \varepsilon_i)\right] + C$$

r_i, s_i interi ≥ 0,

$\varepsilon_i \in \{\ \pi/2, 0\ \}$;

$A_i > 0$ e C costanti.

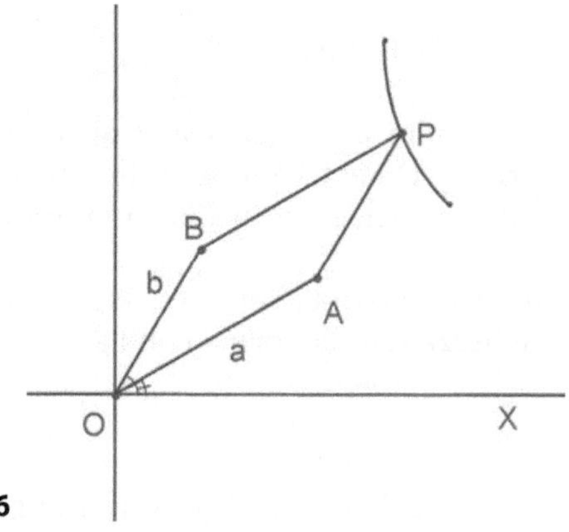

Figura 1.16

Sintesi del problema

Questa formula consente di costruire il sistema articolato desiderato. I passi da compiere sono i seguenti:

- per ogni addendo costruire il sistema articolato che, a partire dalle aste (segmenti) di OAPB (che determina gli angoli α e β), contiene un'asta (segmento) OL_i che forma l'angolo

$$(r_i\alpha \pm s_i\beta \pm \varepsilon_i)$$

con l'asse x ed ha lunghezza A_i;

- identificato OL_i con un vettore applicato in O, costruire un sistema articolato che determini un vettore OS

$$OS = \Sigma_i\, OL_i.$$

In questo modo quando il punto P varia e con esso il parallelogramma OAPB, si ottiene un punto S la cui ascissa è data da:

$$\Sigma_i\, A_i \cos(r_i\alpha \pm s_i\beta \pm \varepsilon_i) = F(x, y) - C.$$

Se $P \in \Gamma$,

$$F(x, y) = 0$$

ed S sta sulla retta R parallela all'asse y di equazione

$$x + C = 0,$$

viceversa, se $S \in R$, $P \in \Gamma$.

Il passo mancante è:

- costruire un sistema articolato che forzi un punto (S) a descrivere una retta. Questo è possibile utilizzando, ad esempio, un inversore di Peaucellier, come si è visto in precedenza (paragrafo 7).

Dimostriamo ora i Lemmi necessari. Per costruire un vettore applicato in O di lunghezza A e che forma con l'asse x l'angolo

$$r\alpha \pm s\beta \pm \varepsilon$$

l'unico problema è la direzione. L'angolo $\pm\,\varepsilon$ è costante. Dunque tutto si riduce a trovare sistemi articolati che consentano di costruire il multiplo di un angolo dato e la somma algebrica di due angoli dati.

Questo risultato si otterrà con i primi tre Lemmi, mentre il quarto Lemma mostrerà come costruire la somma di vettori il cui primo e secondo estremo sono punti appartenenti a sistemi articolati.

Lemma 1. Duplicatore (o Bisettore) di angoli

Sia $A\hat{O}C$ un angolo dato. Costruire per mezzo di un sistema articolato un angolo

$$A\hat{O}E = 2\,A\hat{O}C.$$

Costruzione e dimostrazione

Si consideri l'antiparallelogramma OABC (Fig. 1.17) con

$$OA = BC$$

$$BA = OC.$$

Si costruisca un segmento OE che sia il terzo proporzionale dopo OA e OC:

$$OA : OC = OC : OE.$$

Si costruisca poi un antiparallelogramma OCDE. Esso è simile a OABC e vale l'uguaglianza degli angoli:

$$A\hat{O}C = C\hat{O}E.$$

E, di conseguenza:

$$A\hat{O}E = 2\,A\hat{O}C.$$

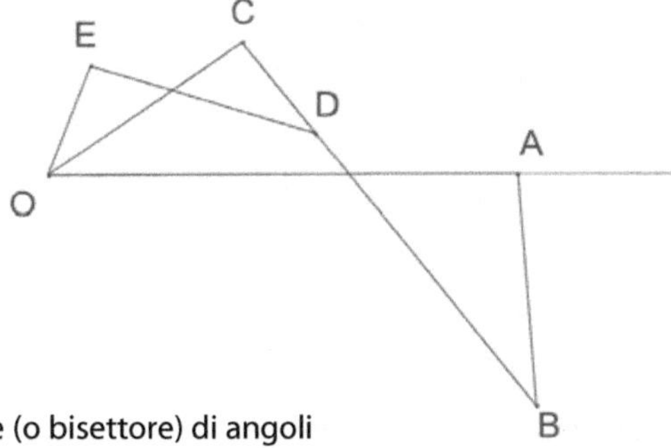

Figura 1.17 duplicatore (o bisettore) di angoli

Se l'angolo dato è AÔE, il sistema articolato individua la bisettrice OC.

Nel piano orientato:

$$E\hat{O}C = - A\hat{O}C.$$

Se l'angolo dato è AÔE, lo strumento opera come bisettore. Se invece è data la retta per OC, lo strumento può servire a trovare il simmetrico di un punto.

Lemma 2. Triplicatore (o Trisettore) di angoli

Sia AÔC un angolo dato. Costruire per mezzo di un sistema articolato un angolo

$$A\hat{O}G = 3\, A\hat{O}C.$$

Costruzione e dimostrazione

Nel Lemma 1 si è costruito OCDE a partire da OABC. Ripetendo il procedimento a partire da OCDE si ottiene l'antiparallelogramma OEFG simile ai precedenti (Fig. 1.18). Si ottiene che:

$$A\hat{O}C = C\hat{O}E = E\hat{O}G,$$

da cui:

$$A\hat{O}G = 3\, A\hat{O}C.$$

Se l'angolo dato è AÔG, il sistema articolato risolve il problema classico della trisezione dell'angolo.

Il procedimento può essere iterato ottenendo un n-plicatore (o n-settore).

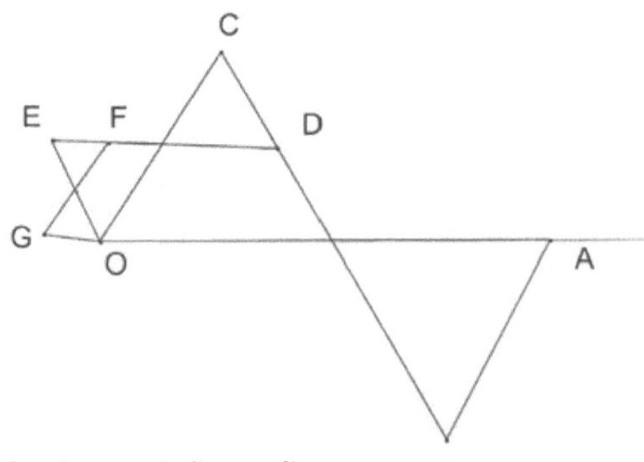

Figura 1.18 triplicatore (o trisettore) di angoli

Lemma 3. Addizionatore (di angoli)

Dati due angoli $X\hat{O}Y$ e $X\hat{O}Z$, costruire per mezzo di un sistema articolato un angolo

$$X\hat{O}T = X\hat{O}Y + X\hat{O}Z.$$

Costruzione e dimostrazione

Se OB è la bisettrice di $Y\hat{O}Z$ (Lemma 1), si costruisca T (Fig. 1.19) come simmetrico di X rispetto ad OB (Lemma 1)

$$X\hat{O}Y = Z\hat{O}T.$$

E quindi

$$X\hat{O}T = X\hat{O}Z + Z\hat{O}T = X\hat{O}Z + X\hat{O}Y = X\hat{O}Y + X\hat{O}Z.$$

Lemma 4. Addizionatore (di vettori)

Dati due vettori OV e OW, costruire per mezzo di un sistema articolato il vettore

$$OT = OV + OW.$$

Costruzione e dimostrazione

Il sistema articolato è costituito da una coppia di traslatori (vedi paragrafo 10):

OBCEVD e BWFTEC

che consentono di individuare i vettori OV e OW e la loro somma OT (Fig. 1.20).

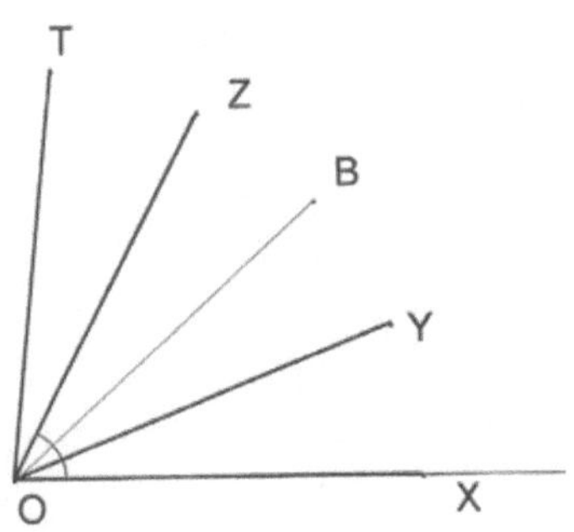

Figura 1.19 addizionatore (di angoli)

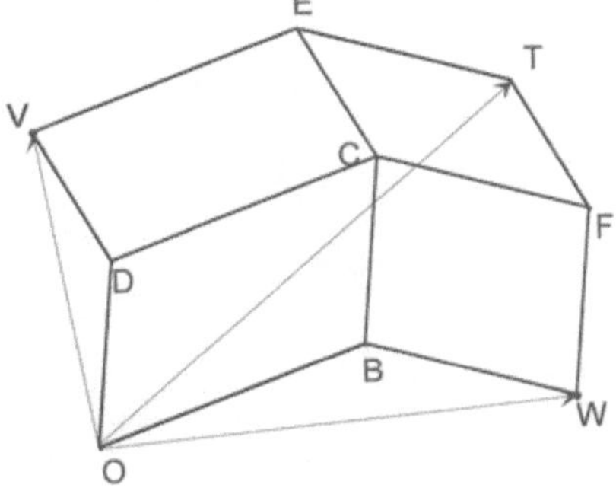

Figura 1.20 addizionatore (di vettori)

Questi quattro Lemmi unitamente ad un quinto Lemma riguardante l'inversore di Peaucellier (paragrafo 7) completano la dimostrazione del teorema.

Lo studio dei sistemi articolati è stato ripreso negli ultimi anni sotto due diverse prospettive. Da un lato, il problema del disegno di archi di curve algebriche si è trasformato nel problema del vincolo di un punto di un robot a seguire una traiettoria data in uno spazio (Hopcroft et al., 1984). Dall'altro lato lo studio di sistemi articolati astratti e delle loro realizzazioni è stato collegato allo studio delle varietà algebriche e delle sottovarietà immerse in uno spazio euclideo (Kapovich, Millson, 2002). Il suggerimento di riprendere questi risultati è venuto da Thurston fin dagli anni Settanta. La nuova teoria, completamente algebrizzata, riprende comunque l'analisi condotta da Kempe. La struttura della dimostrazione è la stessa, anche se sono messe in opera precauzioni per evitare alcune debolezze intrinseche, legate al verificarsi di alcune configurazioni degeneri. In conclusione, il teorema di Kempe si può considerare un ponte: da un lato chiude, utilizzando strumenti classici, il problema aperto da Descartes, dall'altro apre la via alla teoria moderna dei sistemi articolati e alle applicazioni alla robotica.

1.9 Da uno a due gradi di libertà

Gli strumenti fino a qui descritti sono prevalentemente curvigrafi. Essi hanno un grado di libertà, nel senso che la configurazione assunta nel tempo può essere descritta con un solo parametro. Se questo unico parametro è assegnato in funzione del tempo, i punti del sistema articolato (e, in particolare, i punti tracciatori) disegnano nel piano curve algebriche.

Già van Schooten (1649) aveva messo in rilievo che, per tracciare curve, si usano strumenti che realizzano "*nel piano moti reciprocamente dipendenti*„ fornendo quindi una prima concretizzazione del concetto di funzione.

Figura 1.21 da Dessein - Pantographe

Quando il sistema articolato ha due gradi di libertà, esso mette in relazione due regioni del piano, cioè concretizza una funzione dal piano al piano. In particolare, nel seguito, ci occuperemo di strumenti che realizzano isometrie, omotetie e omologie.

Una testimonianza dell'uso di sistemi a due gradi di libertà è data dal pantografo di Christopher Scheiner (1575-1650), utilizzato per alcuni secoli per riprodurre in scala disegni tracciati su un foglio (riduzione o ingrandimento). Tale uso è documentato in una famosa tavola (Fig. 1.21) dell' *Encyclopédie ou dictionnaire raisonné des sciences, des arts et des métiers* (1751-1780).

Con questo strumento si possono realizzare riduzioni o ingrandimenti. Se il punto direttore è quello di sinistra e il punto tracciatore quello di destra si ha un ingrandimento, se le funzioni sono scambiate una riduzione.

Teorema

È dato il sistema articolato AEFGDB tale che:

l'asta AF contiene il punto E;

l'asta FB contiene il punto G;

i punti A, D, B sono allineati;

AF è parallelo a DG,

FB è parallelo a ED.

Sia inoltre A fissato nel piano.
Qualunque sia la configurazione delle aste, i punti D e B si corrispondono in una omotetia di centro A e di rapporto

$$\frac{AE}{AF}.$$

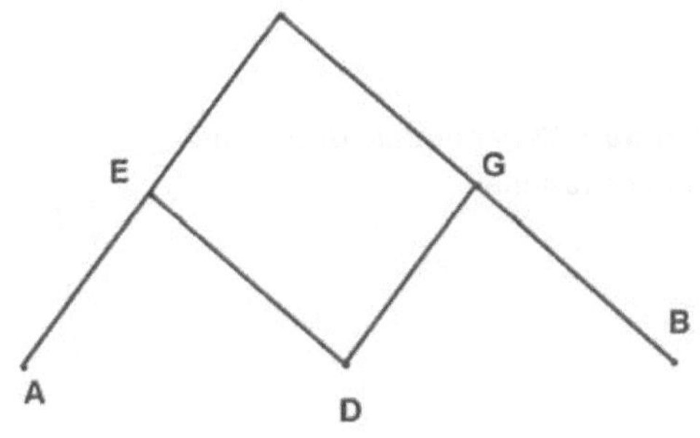

Figura 1.22 pantografo di Scheiner

Dimostrazione

Consideriamo la configurazione iniziale in cui i punti ADB sono allineati (Fig. 1.23). In questa configurazione si ha che i triangoli AED e AFB sono simili poiché hanno i tre angoli congruenti a coppie (sono formati da rette parallele). Segue che le coppie di lati corrispondenti sono proporzionali:

$$AE : AF = ED : FB.$$

Analogamente, per i triangoli AFB e DGB si ha:

$$DG : AF = GB : FB.$$

Se ora deformiamo il pantografo, EFGD resta un parallelogramma (articolato).

Nella nuova configurazione i triangoli AED e AFB sono simili (poiché hanno congruenti gli angoli in E ed F e le coppie di lati adiacenti in proporzione). Segue che gli angoli EÂD e FÂB sono congruenti da cui segue che A, D e B sono allineati.

Quindi, A, D e B sono allineati in tutte le configurazioni assunte dal pantografo. Dalla similitudine dei triangoli AED e AFB in ogni configurazione, segue che qualunque sia la posizione del punto D:

$$AD : AB = AE : AF = \text{costante}$$

con ADB allineati.

Dunque la funzione $D \to B$

è un'omotetia di rapporto $\dfrac{AE}{AF}$.

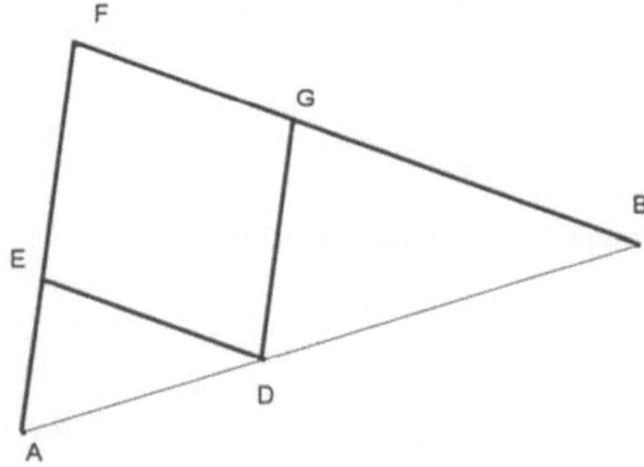

Figura 1.23 pantografo di Scheiner (dimostrazione)

Lo strumento è in realtà più antico e si fa risalire al trattato *Pantographice seu ars delineandi* (1631) di padre Scheiner, che racconta di avere da solo ricostruito uno strumento (*parallelogrammo*), di cui aveva avuto qualche notizia, per copiare, ingrandire e ridurre i disegni, per rappresentare gli oggetti in prospettiva, e per la produzione di composizioni anamorfiche. L'opera, originariamente in latino, fu rapidamente tradotta in italiano. Ecco un breve estratto dalla versione pubblicata nel 1652 a Verona (vedi N.R.S.D.M., 1992):

"*Possiamo con l'istesso parallelogrammo [...] disegnare in piano ogni cosa da noi veduta di lontano, sia paese, monte, mare, isola, fortezza, città, villa, piazza, borgo, casa, uomo, fiera, stelle e insomma tutto ciò che l'occhio nostro in una vista sola può scoprire.*

L'oggetto, acciò si veda, manda l'immagine di se stesso o specie visibile – dai filosofi detta intenzionale – all'occhio per lo mezzo che è l'aere od altro corpo diafano, in forma di piramide la cui base è l'oggetto stesso, e la cima termina nel centro dell'occhio nostro. Questa piramide, dovunque attraverso matematicamente si seghi, sulla superficie della sezione ha sempre la viva e giustissima immagine o ritratto dell'oggetto. Noi nel disegnare i corpi da noi lontani, non potendo fisicamente toccare con l'indice gli stessi, e da quegli immediatamente colla penna trarne la copia, se ritrarremo la specie loro rappresentata sulla superficie del segmento della piramide visuale la quale per esser a noi vicina possiamo con l'indice matematicamente toccare, verremo nel medesimo tempo a formarne una all'oggetto stesso somigliantissima; essendo proposizione nell'ottica da tutti conosciuta per vera, che se due cose sono simili ad una terza anche fra loro sono simili. Dunque perché l'oggetto e l'immagine da noi con lo strumento formata sono simili alla specie visibile, anco fra loro saranno simili.„

Il brano riportato rievoca il modello matematico del disegno prospettico (la *intersecazione della piramide visiva*, secondo la celebre definizione di Leon Battista Alberti (1404-1472)). C'è una netta distinzione tra lo "spazio matematico" (quello del modello, della sezione, dell'indice che funge poi da punto direttore) e lo "spazio reale e fisico" (quello della carta su cui tracciare il disegno, della penna che funge da punto tracciatore).

L'uso dello strumento nella pratica della prospettiva non esclude la sua reinterpretazione teorica, due secoli più tardi, come si può leggere nelle *Lezioni di Cinematica* (Koenigs, 1897):

"*La teoria dei sistemi articolati si può far iniziare nel 1864. Senza dubbio, sistemi di questo tipo sono stati utilizzati anche assai prima: e può darsi che qualche appassionato e preciso indagatore li rintracci nella più remota antichità. Scopriremmo in tal caso che ogni epoca tiene, per dir così, tra le mani – ma senza averne coscienza – le invenzioni di epoche future: la storia delle cose anticipa spesso quella delle idee. Quando, nel 1631, SCHEINER pubblicò per la prima volta la descrizione del suo pantografo, certamente non conosceva i concetti generali che il suo piccolo strumento conteneva allo stato nascente; si può anzi affermare che non poteva conoscerli, perché questi concetti sono legati alla teoria astratta delle trasformazioni. Una teoria caratteristica del nostro secolo, in cui dà una impronta unitaria a tutti i progressi compiuti. Il merito di PEAUCELLIER, di KEMPE, di HART, di LIPKINE non è tanto quello di essere riusciti a tracciare alcune curve particolari per mezzo di sistemi articolati, quanto d'aver scorto in questi sistemi una tecnica per realizzare vere e proprie trasformazioni geometriche. In questo appunto sta ciò che di veramente generale contiene la teoria dei sistemi articolati.„*

1.10 Strumenti per isometrie e omologie

Il pantografo di Scheiner è inserito in una famiglia di strumenti che realizzano isometrie (traslazioni, rotazioni, simmetrie assiali e centrali) e affinità (omologie). Essi sono prodotti nell'Ottocento quando si passa dalla ricerca di strumenti isolati alla costruzione di una teoria generale. Nel seguito saranno illustrati separatamente alcuni strumenti che realizzano localmente trasformazioni particolari (traslazione, simmetria centrale, rotazione, simmetria assiale, omologia - stiramento), rinviando al cd-rom per altri dettagli.

Traslazione

ABCD e CDPQ sono due parallelogrammi articolati aventi il lato CD in comune. Il lato AB del primo è fissato al piano del modello. I punti P e Q hanno due gradi di libertà.

La macchina realizza una funzione dal piano al piano

$$P \rightarrow Q.$$

Si tratta di una traslazione individuata in modulo, direzione e verso dal vettore AB.

La proprietà è una conseguenza immediata delle proprietà dei parallelogrammi:

PQ = DC = AB

PQ // DC // AB.

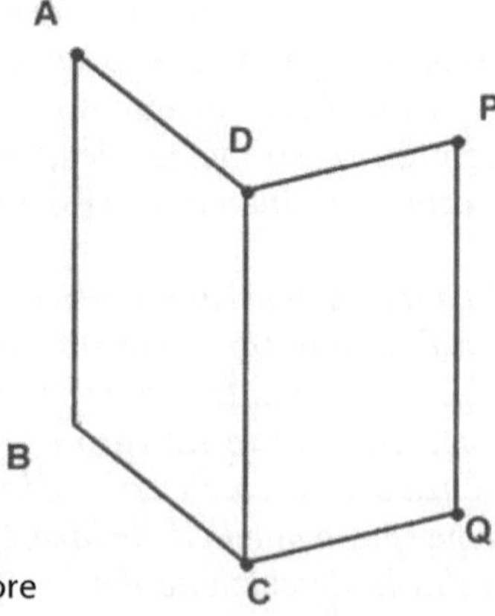

Figura 1.24 traslatore

Simmetria centrale

ABCP è un rombo articolato, il lato AB è imperniato al piano del modello nel suo punto medio O. L'asta CB è prolungata di una lunghezza BQ=CB. I punti P e Q hanno due gradi di libertà.

La macchina realizza una funzione dal piano al piano

$P \to Q.$

Si tratta di una simmetria centrale con centro O.

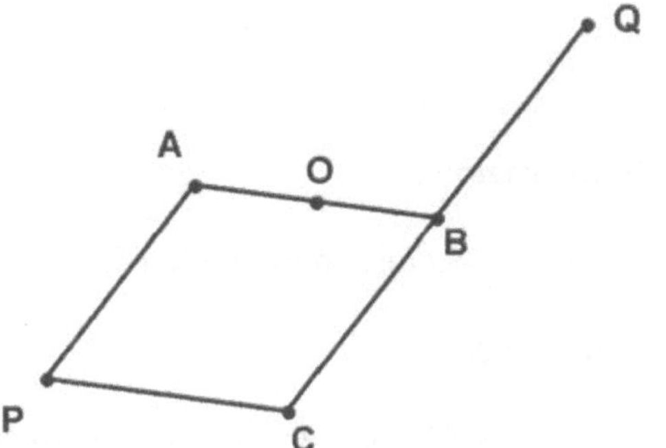

Figura 1.25 sistema articolato per la simmetria centrale

Dimostrazione

La proprietà si dimostra osservando che i triangoli PAO e QBO sono congruenti per il I criterio; quindi vale l'uguaglianza degli angoli:

$$A\hat{O}P = B\hat{O}Q$$

e dei lati

$$PO = QO.$$

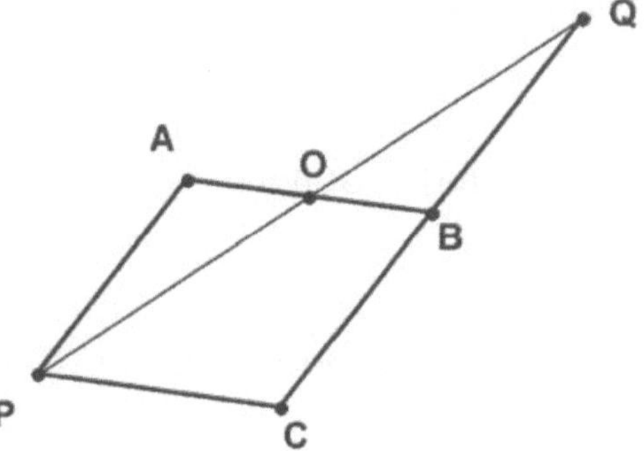

Figura 1.26 sistema articolato per la simmetria centrale (dimostrazione)

Rotazione

Questo sistema articolato è un po' più complesso. La sua invenzione si deve a James Sylvester (1814-1897) che lo descrive in due articoli del 1875.

OABC è un parallelogramma articolato, il vertice O è imperniato al piano del modello. Sui lati AB e CB sono costruiti due triangoli isosceli simili con i vertici in A e in C. I punti P e Q hanno due gradi di libertà.

La macchina realizza una funzione dal piano al piano

$$P \to Q.$$

Si tratta di una rotazione di centro O e ampiezza $\alpha = P\hat{A}B = Q\hat{C}B$.

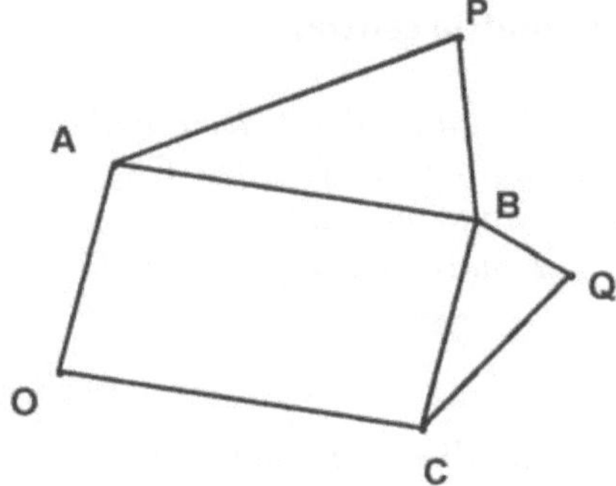

Figura 1.27 pantografo di Sylvester

Dimostrazione

La dimostrazione si può dividere in due parti:

1) OP = OQ.

I triangoli OAP e OCQ sono congruenti (per il I criterio) dunque:

$$OP = OQ.$$

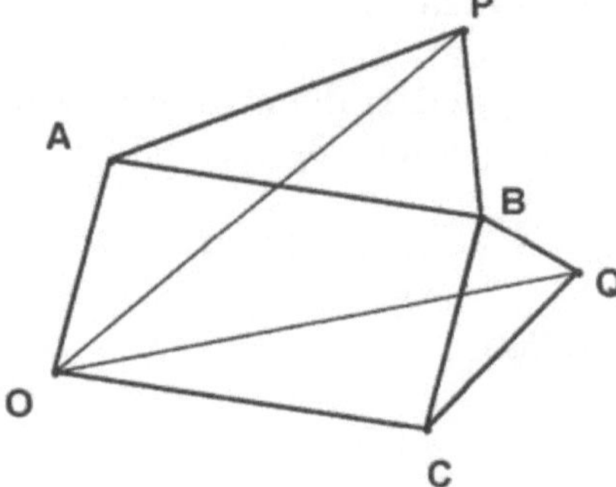

Figura 1.28 pantografo di Sylvester (dimostrazione)

2) $P\hat{O}Q = P\hat{A}B = Q\hat{C}B = \alpha$.

Infatti

$$P\hat{O}Q = A\hat{O}C - A\hat{O}P - C\hat{O}Q = A\hat{O}C - (A\hat{O}P + C\hat{O}Q) =$$

$$= A\hat{O}C - (A\hat{O}P + A\hat{P}O) = A\hat{O}C - (\pi - O\hat{A}P)$$

$$= O\hat{A}P - (\pi - A\hat{O}C) = O\hat{A}P - O\hat{A}B = P\hat{A}B = Q\hat{C}B = \alpha.$$

Simmetria assiale

Questo strumento, come quello che segue, contiene perni che scorrono entro guide rettilinee.

PBQC è un rombo articolato; i vertici B e C sono vincolati a scorrere nella scanalatura s. I vertici P e Q hanno in tal modo due gradi di libertà.

La macchina realizza una funzione dal piano al piano

$$P \rightarrow Q.$$

Si tratta di una simmetria assiale di asse s.

La dimostrazione è immediata, poiché le diagonali di un rombo sono ortogonali e si dimezzano scambievolmente.

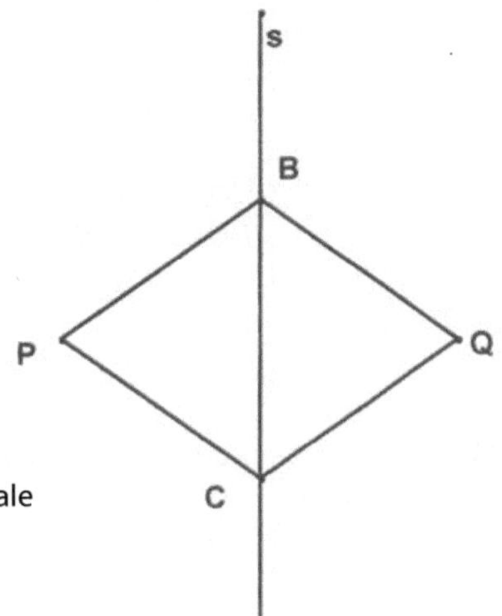

Figura 1.29 sistema articolato per la simmetria assiale

Omologia – stiramento

PBQC è un rombo articolato di lato l. I punti M e N, fissati rispettivamente sui lati PB e PC ad ugual distanza da P (PM = PN = d) sono vincolati a scorrere lungo la scanalatura rettilinea r. Questo sistema articolato ha due gradi di libertà.

La macchina realizza una funzione dal piano al piano

$$P \rightarrow Q.$$

Tale funzione dal piano al piano è una particolare omologia affine (chiamata anche stiramento) con asse r e direzione ortogonale ad r.

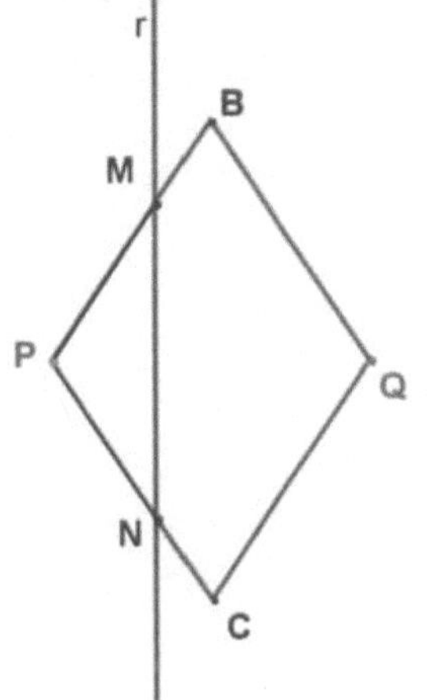

Figura 1.30 sistema articolato per lo stiramento

Dimostrazione

È facile dimostrare che la retta PQ si mantiene (durante la deformazione del sistema) perpendicolare ad r e che risulta sempre costante il rapporto delle distanze di P e di Q da r.

Dato che BC e r sono paralleli (Fig. 1.31), si ha

$$\mathrm{PH} : \mathrm{PN} = \mathrm{HO} : \mathrm{NC} = \mathrm{PO} : \mathrm{PC},$$

$$PH : PN = (HO + PO): (NC + PC),$$

$$PH : PN = QH: (NC + PC),$$

$$\frac{QH}{PH} = \frac{NC + PC}{PN}.$$

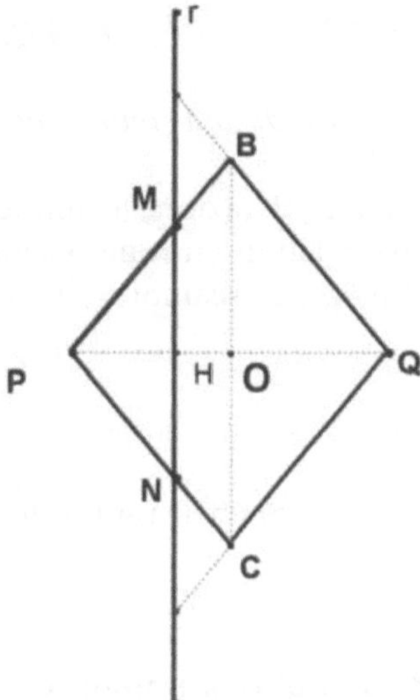

Figura 1.31 sistema articolato per lo stiramento (dimostrazione)

Quindi si ha:

$$\frac{QH}{PH} = \frac{2l - d}{d}.$$

Se si considera inoltre che le parti di piano messe in corrispondenza appartengono a semipiani opposti rispetto ad *r*, la trasformazione realizzata dalla macchina è una particolare omologia affine (stiramento) di rapporto

$$k = \frac{2l - d}{d}.$$

2
Gli strumenti dei pittori: le macchine per la prospettiva

In ogni epoca, la rappresentazione dello spazio mediante disegni su superfici piane o curve oppure mediante apparati tridimensionali presenta aspetti complessi e contraddittori. La prospettiva artificiale, chiamata così in contrapposizione alla prospettiva naturale o teoria della visione, ha origine nel Quattrocento e si sviluppa pienamente nei due secoli successivi.

La nascita della prospettiva artificiale è legata da una parte ad una trasformazione nel modo di considerare lo spazio, dall'altra ai problemi pratici sorti durante l'attività concreta di pittori, scenografi, intarsiatori, architetti, ecc. Per questi elementi, il suo sviluppo si presenta come intreccio indissolubile di riflessioni rigorose e di pratiche empiriche.

Le prime "macchine per disegnare" fecero la loro apparizione durante il XV secolo: esse sfruttavano non solo le precedenti sperimentazioni sulle ombre e sulla propagazione della luce, ma anche le conoscenze acquisite nell'uso di svariate tecniche "per misurare con la vista" (con l'uso di strumenti come, ad esempio, il quadrante geometrico o il bastone di Giacobbe).

Fra i motivi dell'enorme fortuna riscossa dai prospettografi vi è senza dubbio il fatto che le regole geometriche su cui si basava la realizzazione di uno scorcio (per esempio, la "costruzione legittima") risultavano di difficile impiego quando il soggetto da ritrarre si presentava complesso. Nel caso di paesaggi, animali, figure umane o corpi con superfici curve, tali regole imponevano di tracciare una gran quantità di "linee morte", aumentando i tempi di esecuzione. I prospettografi (impiegati anche in astronomia, nell'arte militare e nei rilevamenti topografici) esemplificavano assai bene l'integrazione tra geometria, ottica e strumentazione esatta, l'accordo tra ragionamenti astratti e abilità pratica. Contribuirono a configurare nuovi spazi per il pensiero matematico dando rappresentazioni concrete dell'infinito (con i "punti di concorso" e la "linea dell'orizzonte"), legate agli elementi impropri del piano.

La storia dell'approccio strumentale alla prospettiva culmina oggi nelle tecniche di rappresentazione dello spazio sullo schermo di un computer, che consentono di costruire ambienti virtuali interattivi: dai videogames ai simulatori di volo, ai simulatori di operazioni chirurgiche.

2.1 Il modello della piramide visiva: vetri e veli

La sistemazione delle regole della pittura prospettica, realizzata con finalità illusionistiche, si fa tradizionalmente risalire al Quattrocento (Panofsky, 1961), anche se alcuni storici dell'arte ritengono che questa scienza fosse nota già fino da epoca romana (per una breve ricostruzione storica con finalità didattiche, vedi Catastini & Ghione, 2004). Nella sistemazione teorica della prospettiva sono molti i nomi di artisti italiani, nell'epoca in cui le differenze tra l'artista, l'umanista, lo scienziato erano molto sfumate. I trattati sulla prospettiva raccolgono in forma sistematica le regole, basate sulla pratica della pittura, diffuse nelle botteghe dei pittori. Leon Battista Alberti (1404-1472), Piero della Francesca (1412-1492), Leonardo da Vinci (1452-1519) sono sicuramente tra gli autori che per primi scrivono sulle regole della prospettiva, suggerendo anche la costruzione di strumenti che possano aiutare gli inesperti nella realizzazione.

Gli strumenti prospettici inizialmente incorporano in modo diretto la definizione di pittura di Alberti data nel *De Pictura* (Catastini, Ghione, 2004), che ha come scopo la *degradazione* dell'oggetto sul quadro:

"*[...] chi mira una pittura vede certa intersecazione d'una piramide. Sarà adunque pittura non altro che intersecazione della piramide visiva, secondo data distanza, posto il centro in una certa superficie con linee e colori artificiose representata.*„ (Alberti, 1436)

La base della piramide è descritta come una finestra:

"*dove io debbo dipingere scrivo uno quadrangolo di retti angoli quanto grande io voglio, il quale reputo essere una finestra aperta per donde io miri quello che quivi sarà dipinto.*„ (Alberti, 1436)

La finestra (il vetro), su cui si disegna per trasparenza l'immagine dell'oggetto (l'oggetto *degradato*), incorpora in modo diretto l'idea di *intersecazione*.

Più oltre, Alberti introduce uno strumento (velo) che consente di rilevare punto per punto le forme da mettere in prospettiva disegnandole non direttamente sul velo ma su un foglio quadrettato:

"*Egli è un velo sottilissimo, tessuto raro, tinto di quale a te più piace colore, distinto con fili più grossi in quanti a te piace paralleli, qual velo pongo tra l'occhio e la cosa veduta, tale che la piramide visiva penetra per la rarità del velo. Porgeti questo velo certo non piccola commodità: primo, che sempre ti ripresenta medesima non mossa superficie. dove tu, posti certi termini, subito ritrovi la vera cuspide della piramide, qual cosa certo senza intercisione sarebbe difficile; e sai quanto sia impossibile bene contraffare cosa quale non continovo servi una medesima presenza.*„ (Alberti, 1436)

Questi due strumenti sono ripresi e descritti da altri autori, tra cui Leonardo (Roccasecca in: Catastini, Ghione, 2004), che sottolinea la necessità di fissare con qualche artificio la posizione da cui si guarda e con un solo occhio:

"*Abbi un vetro grande come un mezzo foglio regale e quello ferma bene dinanzi ali occhi tua, cioè tra l'occhio e la cosa che tu vuoi ritrarre, e di poi ti poni*

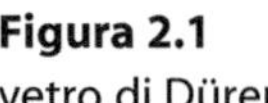

Figura 2.1
vetro di Dürer

Figura 2.2
griglia
di Dürer

lontano col occhio al detto vetro 2/3 di braccio, e ferma la testa con uno strumento in modo che non possa muovere punto la testa; dipoi serra o ti copri un occhio, e col pennello o con lapis a matita macinata segnia in sul vetro ciò che di là appare e poi lucida con la carta dal vetro e spolverizzala sopra bona carta e dipingila, se ti piace, usando bene la prospettiva aerea.„

Nel 1525-1538, il vetro (Fig. 2.1) e il velo (griglia o reticolato, Fig. 2.2) con un oculare per fissare la posizione dell'occhio sono ripresi da Albrecht Dürer (1471-1528), nelle due edizioni del suo trattato *Underweysung der messung* (vedi Peiffer, 1995).

2.2 Dal vetro agli strumenti meccanici

Nel trattato di Dürer sono discussi e proposti anche altri strumenti che risolvono problemi d'uso. I vincoli imposti dalla necessità di collocarsi non troppo lontano dal vetro (ovviamente, non più della lunghezza del braccio che dipinge) sono già parzialmente risolti dalla griglia, che consente di allontanare il vetro dall'oculare, poiché la rappresentazione non è eseguita sul vetro direttamente ma su un foglio quadrettato disposto in posizione accessibile. Inoltre,

Figura 2.3 sportello di Dürer

variando la grandezza delle maglie quadrate, come sottolinea Dürer, si possono ottenere immagini di diversa dimensione. La figura, rappresentata sul velo per *intersecazione* della piramide visiva, è trasportata sul foglio del disegno, basandosi sulla corrispondenza indotta dalla quadrettatura, le cui linee definiscono implicitamente un sistema di coordinate.

Resta tuttavia un vincolo: l'oculare deve essere in posizione accessibile al pittore che guarda dal foro. Questo vincolo è risolto con la materializzazione dei raggi visivi: se un raggio è rappresentato da un filo teso, basta un occhiello attraverso cui far passare i fili per simulare un oculare in una posizione qualsiasi. Su questa idea si basano due strumenti proposti dallo stesso Dürer nelle due edizioni del trattato. Nella prima edizione (1525) è descritto lo sportello, in cui il processo di copia sul foglio del disegno dei punti rilevati è automatizzato. Questo prospettografo (illustrato con l'incisione che mostra due disegnatori intenti ad eseguire lo scorcio di un liuto, Fig. 2.3) è molto probabilmente un'invenzione di Dürer. Può essere considerato lo strumento prospettico per eccellenza in quanto per primo traduce meccanicamente tutti i parametri della costruzione prospettica: l'occhio è un chiodo, il raggio visivo è un filo, e il quadro è un piano descritto dall'intersezione di due fili all'interno di un telaio (Camerota, 2001).

"*Appoggia il liuto, o qualunque altro oggetto a tua scelta, alla distanza prestabilita dal quadro, e fai attenzione: deve restare immobile per tutto il tempo che ti servirà. Domanda al tuo assistente di mantenere teso il filo passante per il chiodo* [all'altra estremità c'è un contrappeso] *e di portarlo a contatto con i punti principali del liuto. Quando egli si ferma su uno di questi punti* [tenendo teso il filo] *tu sposta gli altri due fili* [quelli fissati per uno dei capi alla cornice del quadro] *tendendoli in modo che si incrocino col suo.* [Per fissarli in questa posizione] *attacca ora al quadro, con un poco di cera, anche gli altri due capi di questi fili; ordina quindi al tuo assistente di allentare il suo filo. Adesso chiudi lo sportello e ricopia sul quadro il punto di incrocio dei due fili rimasti.*„

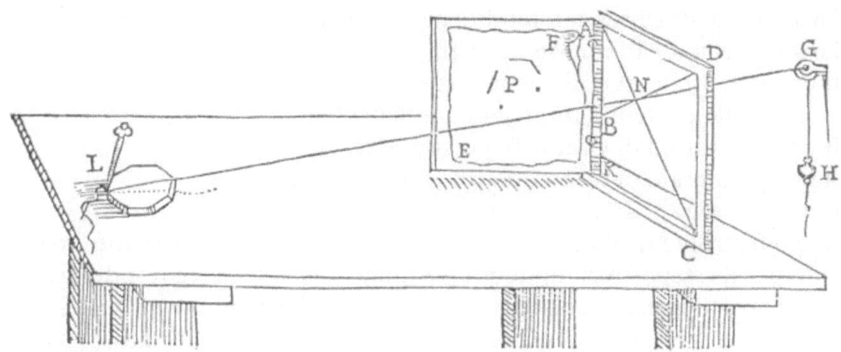

Figura 2.4 sportello ne *Le due regole della prospettiva...* di Barozzi-Danti

Lo sportello rappresenta il quadro reale, mentre i due fili individuano il quadro virtuale (matematico). Quando lo sportello è chiuso, su di esso si disegna il punto d'intersezione dei due fili. Il disegno (Fig. 2.3) mostra chiaramente che il processo è un po' macchinoso e richiede la presenza di un aiutante.

Lo stesso metodo dell'occhiello e del filo è utilizzato in una variante del vetro (Fig. 2.5), che Dürer attribuisce a Jacob Keser: in questo caso il pittore - da solo - disegna per trasparenza un vaso aiutandosi con un oculare allungato (mirino), allineato con un filo teso uscente da un occhiello posto in posizione qualsiasi.

Dopo il trattato di Dürer, sono proposti artifici sempre nuovi per risolvere i problemi d'uso. Nell'opera *Le due regole della prospettiva prattica di M. Iacomo Barozzi da Vignola, Con i Commentari del Reuerendo Padre Maestro Egnatio Danti dell'Ordine de' Predicatori Mattematico dello Studio di Bologna*, (1682), sono descritti sette prospettografi:

Figura 2.5 prospettografo di Keser

- Lo sportello di Dürer con modifiche di Egnatio Danti (1536-1586).
- Lo strumento di Tommaso Laureti (1530-1602).
- Il prospettografo dell'Abate di Lerino.
- Lo sportello di Danti (con regoli graduati).
- Il prospettografo di Oratio Trigini de' Marij.
- Il prospettografo di Iacomo Barozzi (1507-1573).
- Il prospettografo di Baldassarre Lanci (1510-1571).

In molti strumenti, il metodo del disegno per trasparenza è sostituito da un metodo per il trasporto su un foglio dei punti rilevati. La tecnica del trasporto è diversa: la localizzazione su un reticolo a maglie quadrate nel velo (e derivati); la rotazione del piano nello sportello di Dürer e nel prospettografo dell'Abate di Lerino. In alcuni strumenti, la presenza di regoli graduati consente il ricorso ad una coppia di coordinate.

Si rinvia al cd-rom per la descrizione dei vari prospettografi. Qui sarà descritto solo il prospettografo di Barozzi (Fig. 2.6), che richiede l'opera di due persone.

Il prospettografo è costituito da due aste graduate (l'orizzontale è fissa, la verticale è mobile) che individuano il quadro virtuale. Attraverso un oculare, l'artista prende di mira il punto da disegnare: con un sistema di fili e carrucole sposta l'asta verticale (e il traguardo scorrevole su quest'ultima) fino a sfiorare il raggio visivo. Detta poi le coordinate del punto, lette sulle aste graduate, all'assistente, che le usa per segnare il punto sul quadro reale, dotato di griglia.

Figura 2.6 prospettografo di Barozzi

Anche nel Seicento prosegue la costruzione di strumenti prospettici, tra i quali si possono ricordare:

- Il prospettografo di Wentzel Jamnitzer (1508-1585), che permette di scorciare un oggetto senza averlo a disposizione come corpo concreto, basandosi sulla conoscenza preliminare della sua pianta e dell'alzato (Faulhaber, 1610).
- Il prospettografo di Scheiner, basato sul pantografo descritto nel Capitolo 1 paragrafo 9.
- Il prospettografo di Mario Bettini (1582-1657) – Christoph Grienberger (~1564-1636), particolarmente adatto a svolgere funzioni topografiche (Bettini, 1645).
- Il prospettografo di Ludovico Cardi, detto Cigoli (1559-1613) – Jean François Niceron (1613-1646), che esegue il disegno in modo automatico (Cardi, 1612; Niceron, 1646).

Il metodo di trasporto dal piano virtuale al piano del foglio, quando è necessario, chiama in gioco, se pure in modo implicito, trasformazioni geometriche:

- L'omotetia nel caso del prospettografo di Scheiner.
- La traslazione nel caso del prospettografo di Bettini-Grienberger.

Le invenzioni di Scheiner e Cigoli definiscono i tipi principali di strumenti automatici per la prospettiva. Tutte le successive macchine per scorciare possono essere messe in relazione con queste (Kemp, 1994). Ma i prospettografi, proprio quando raggiungono il massimo grado di raffinatezza meccanica, iniziano a perdere importanza come strumenti per la pittura, sostituiti dalla produzione di camere oscure.

Un nuovo terreno di esercizio per la meccanica si apre con le ricerche di Johann Heinrich Lambert (1728-1777), che costruisce macchine che realizzano immagini prospettiche lavorando unicamente sul piano (Lambert, 1752). Si è tuttavia in un ambito puramente tecnico-teorico, quasi completamente disgiunto da quello in cui agiscono gli artisti.

2.3 I trattati

Le opere a stampa sulla prospettiva compaiono abbastanza tardi in Italia (verso la metà del Cinquecento) e presentano soprattutto consolidate pratiche di bottega, che hanno così la meglio sui nuovi metodi messi a punto dai geometri. Inoltre alcuni scienziati non riescono a raggiungere, nelle figurazioni esemplificative inserite nelle loro opere, il livello qualitativo e la capacità d'espressione degli incisori che illustrano i testi per un uso immediato. Dopo i testi classici di Alberti (*De Pictura*, 1436) e di Piero della Francesca (*De Prospectiva Pingendi*, circa 1472-1473), dal Cinquecento in poi si assiste ad una vasta produzione di trattati, equamente suddivisi tra testi di tipo pratico (scritti da artisti con simpatie per la scienza, come Dürer e Hans Vredeman De

Vries (1527-1606)) e testi più teorici e difficili, come quelli di Frederico Commandino (1506-1575), Giovanni Benedetti (1530-1590), Guidubaldo del Monte (1545-1607). Un testo equilibrato è quello già citato di Danti (cartografo e matematico) nato dalla collaborazione con Barozzi (architetto).

Così inizia il capitolo sulla prima regola:

"*Ancor che molti abbiano detto, che nella Prospettiva una sola regola sia vera, dannando tutte l'altre come false; con tutto ciò per mostrare, che si può procedere per diverse regole, e disegnare per ragione di Prospettiva; si tratterà di due principali regole, dalle quali dipendono tutte l'altre: & avvenga che paiano dissimili nel procedere, tornano nondimeno tutte ad un medesimo termini, come apertamente si mostrerà con buone ragioni. Et prima tratterassi della più nota, & più facile a conoscersi; ma più lunga, & più noiosa all'operare: nella seconda si tratterà della più difficile a conoscere, ma più facile ad eseguire.*„

L'enunciazione della prima regola inizia con la precisazione degli elementi in gioco.

"***Che cosa siano li cinque termini. Cap. IIII***

E gli è da considerare, che volendo disegnare le Prospettive, bisogna avere il luogo, o vogliamo dir muraglia, o tavola di legno, o tela, o carta. Pertanto qual si voglia di queste sarà nominata in questo trattato per la parete. Li cinque termini adunque sono questi.

Primo, quanto vogliamo star discosta dalla parete.

Secondo, quanto vogliamo star sotto, o sopra alla cosa vista.

Terzo, quanto vogliamo stare in prospetto, o da banda.

Quarto, quanto vogliamo far apparire la cosa dentro alla parete.

Quinto & ultimo, quanto vogliamo che sia grande la cosa vista.„

Danti continua poi con la presentazione di un esempio che mette in relazione gli elementi enunciati.

"***Che questa seconda Regola operi conforme alla prima, & sia di quella, & d'ogni altra più commoda. Cap II.***

Nella prima Regola si prova con evidenti ragioni, che tutte le linee che nascono dalla cosa vista, e corrono all'occhio del riguardante, & intersecano su la linea della parete, danno li scorci della cosa vista. Ora si prova per questa seconda Regola, che non solo si può intersecare su la detta linea della parete, quale causa un angolo retto con la linea del piano; ma che intersecando sopra ogni altra linea, ancorché non faccia angolo retto, purché nasca dal punto di veduta, darà li medesimi scorci, che dà l'intersecazione della parete, come per la presente figura si vede, che se tirata la linea morta da B, alla vista del riguardante, dove interseca su la linea della parete a numero 1. dà lo scorcio, dimostrando esser tanto da B, a C, quanto da C, in punto numero 1. Il che conferma la prima Regola.„

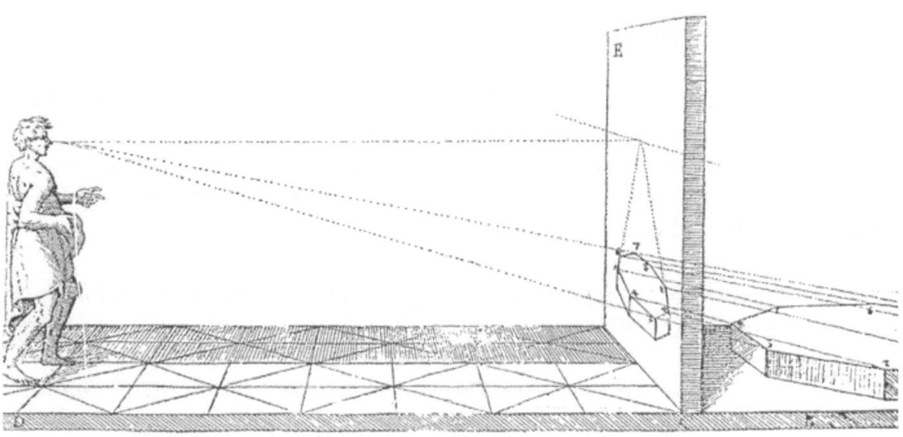

Figura 2.7 illustrazione tratta da Barozzi - Danti

Basandosi sulla seconda Regola, nel Cap. XI, Barozzi descrive uno strumento per "*tirare in Prospettiva*" che può semplificare il lavoro dell'artista. L'uso di due righe, una imperniata nel punto di fuga, l'altra nel punto di distanza (entrambi sulla linea dell'orizzonte) permette di evitare quasi tutte le linee morte. Si tratta di uno strumento a righe (o a fili) che almeno in via di principio funziona in un piano.

Nei trattati di prospettiva, si danno regole in cui tutti i riferimenti necessari sono costruiti nel piano del dipinto. Le regole chiamano in gioco alcuni punti particolari che ricordano gli elementi del modello tridimensionale ed evocano la pratica dell'uso degli strumenti.

Ad esempio, il punto centrico (o punto di fuga principale) è chiamato *occhio*, essendo la proiezione ortogonale sul piano del quadro dell'occhio del pittore posto nell'oculare. Così leggiamo nel testo di Barozzi-Danti:

"***Definizione sesta.***

Punto principale della Prospettiva è un termine della vista posto a livello a dirimpetto dell'occhio.

Questo punto è dagli artefici chiamato assolutamente il punto della Prospettiva, o vero orizzonte, per essere il termine della vista, avvenga che in esso vanno a terminare tutte le linee parallele, che con la linea piana fanno angoli retti, & sta sempre a livello dell'occhio, di maniera che la linea, che da questo punto viene tirata fino all'occhio, sta parallela all'Orizzonte del mondo, & fa angoli pari nella superficie della luce dell'occhio.„

Ed afferma Simon Stevin (1548-1620) nell'opera *De Skiagraphia* del 1605 (Sinisgalli, 1978):

"*L'occhio è il punto che si suppone faccia le veci dell'occhio che vede.*„

In diversi trattati, ancora nel tardo Seicento, questa definizione è incorporata nella rappresentazione grafica della Fig. 2.8.

Il punto centrico ed altri punti dell'orizzonte determinano un insieme di regole per la prospettiva. Rotman (1987) descrive in questo modo il "carattere semiotico duale" del punto centrico:

"*Internamente, come un segno tra altri segni, agisce come un segno pittorico sullo stesso piano degli altri segni. In accordo con questo, come essi esso rappresenta una posizione definita nella scena fisica reale osservata attraverso la cornice della finestra; una posizione, tuttavia, che essendo infinitamente lontana non può essere occupata da una persona né da un qualsiasi oggetto fisico. Esternamente, il punto centrico sta in una relazione metalinguistica con questi segni, poiché la sua funzione è quella di organizzarli in un'immagine unificata e coerente. Il suo significato, in altre parole, può solo essere ricostruito dal processo di pittura, dal modo in cui l'atto soggettivo originale di osservare è rappresentato per mezzo delle regole della prospettiva come un'immagine destinata ad uno spettatore.*„

In altre parole, per il suo carattere esterno, il punto centrico è uno strumento di controllo del processo del disegno.

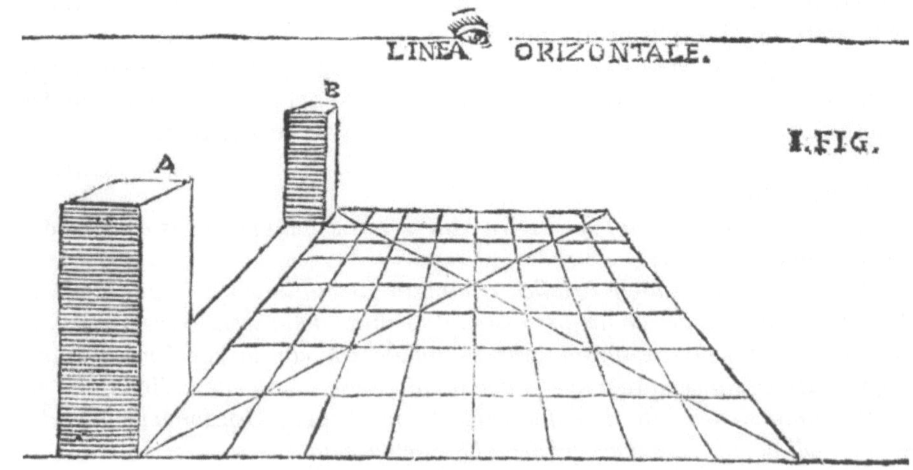

Figura 2.8 Giulio Troili (1613-1685) in (Troili, 1672)

2.4 La macchina di Stevin

Il trattato *De Skiagraphia* di Stevin, pubblicato a Leida nel 1605, è un documento fondamentale nel processo di graduale trasferimento della disciplina dalle mani degli operatori artisti a quelle degli scienziati. Le ricerche di Stevin sono importanti proprio perché egli affronta e discute per la prima volta in forma rigorosa il problema della restituzione prospettica. Fornisce inoltre originali costruzioni per determinare l'immagine prospettica di un punto dato senza mai uscire dal piano in cui il punto stesso è assegnato.

In questo trattato, il movimento del piano del quadro gioca un ruolo essenziale. Stevin fa esplicito riferimento a uno strumento (simile a quello di Dürer), in cui, tuttavia, il vetro si può inclinare e dirigere a piacere. La terminologia è introdotta esplicitamente, così, ad esempio:

- Si distinguono gli oggetti da disegnare dalle loro *immagini*, imitazioni sul piano, che tuttavia ancora si percepiscono come tridimensionali.
- Il *pavimento* è il piano su cui si posa ciò che si deve disegnare.
- L'*occhio* è il punto che si suppone faccia le veci dell'occhio che vede;
- La *linea dell'osservatore* è la linea retta perpendicolare dall'occhio al pavimento; la sua estremità sul pavimento si dice *piede*.
- La *misura dell'osservatore* è una linea retta uguale alla linea dell'osservatore, ma tracciata sul foglio da disegno che fa le veci del pavimento.
- Il *vitreo* è il piano illimitato giacente tra l'occhio e il corpo da disegnare, è anche il luogo dove giace l'immagine (quadro).
- La *base del vitreo* è la sezione comune al vitreo e al pavimento (linea di terra).
- Il *raggio* è la linea retta che procede dall'occhio.
- Il *punto di concorso* è il punto nel quale concorrono le immagini delle linee rette parallele da disegnare.
- Le *linee concorrenti* sono le linee rette che si congiungono nel medesimo punto di concorso.
- La *linea del pavimento* è la retta sul pavimento che va dal piede alla base del vitreo; il punto di contatto con il vitreo si dice *contatto della linea di pavimento.*

Stevin pone poi due postulati:

"*Un punto fisico da disegnare, la sua immagine in un vitreo fisico e l'occhio sono sempre allineati sulla stessa retta.*„

"*Un punto, una linea o un piano, dati sul vitreo, fanno le veci della propria immagine.*„

Successivamente risolve due problemi, introducendo anche un ingegnoso strumento, didatticamente molto efficace, costituito da una macchina con fogli mobili che, attraversati dai raggi visivi, sono incernierati sul piano di terra in modo da poter essere facilmente ripiegati su questo. Consideriamo qui il primo di questi problemi.

Problema 1, proposizione 5

"*Dati il punto da disegnare nel pavimento, il vitreo perpendicolare al pavimento, il piede e la linea dell'osservatore, trovare l'immagine del punto.*„

La costruzione è eseguita sul pavimento (Fig. 2.9).

Dati:
- punto A da disegnare
- BC base del vitreo
- D piede
- DE = linea dell'osservatore

Costruzione:
- Tracciare DF (scelto comunque F su BC).
- Tracciare un segmento FG perpendicolare a BC con FG = DE.
- Tracciare per A una parallela a DF e costruire l'intersezione H con BC.
- Tracciare GH.
- Tracciare AD.
- Costruire l'intersezione I di BC e AD.
- Tracciare la perpendicolare a BC nel punto I e costruire l'intersezione K con GH.

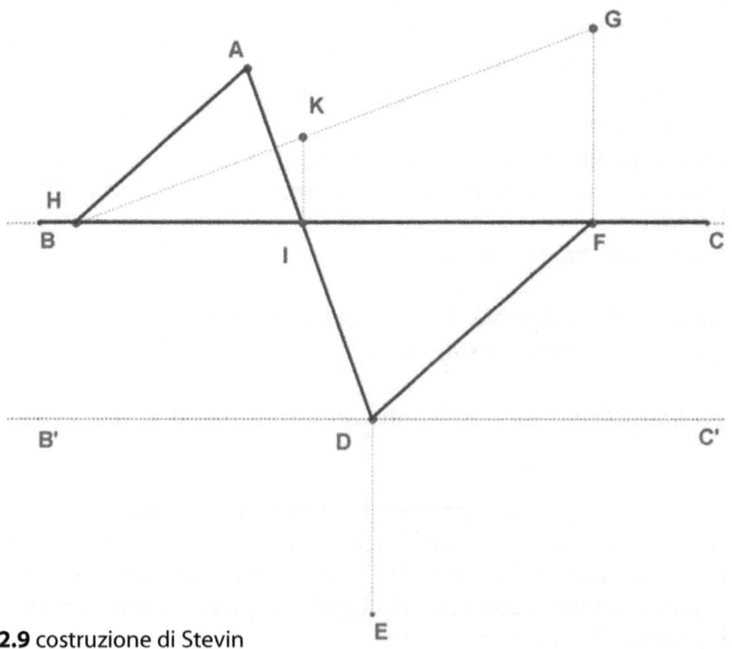

Figura 2.9 costruzione di Stevin

Descritta questa costruzione, Stevin conclude:

Dico che K è l'immagine del punto da disegnare A, cosa che sin da questo momento potresti capire se ruotassi il piano in cui è posta l'immagine, separato con il pensiero e con la mente dal pavimento, attorno alla base BC, fino a disporlo perpendicolare al pavimento stesso, e per la medesima ragione fino a che la retta ED sia anch'essa perpendicolare al pavimento affinché il punto E alto nell'aria sia alla pari dell'occhi.

Ciò posto, dico che sia l'occhio, sia il punto K, che il punto da disegnare A risultano precisamente in linea retta, e che, per questo, il punto K è proprio l'immagine di A.„

La dimostrazione data da Stevin fa riferimento ad una macchina, che "prepara" alla dimostrazione. È interessante osservare che tutte le proposizioni e costruzioni presenti nel trattato sono dimostrate rigorosamente "more geometrico" ma sono affiancate da supporti meccanici.

"*Ciò nonostante, poiché ad alcuni potrebbe forse sembrare non abbastanza chiara ed evidente la separazione descritta del vetro dal pavimento, procederemo nel separare i due piani, nel modo che segue.*

Si trascrivano di nuovo i due diagrammi ora riportati, in modo, tuttavia, che con l'aiuto di due fogli di carta la rappresentazione che si immagina formarsi nel vitreo si possa staccare e separare dalle linee riportate nel pavimento, e la misura dell'osservatore DE possa essere innalzata sul pavimento, una volta girati il vitreo attorno alla base BC come asse, e la linea dell'osservatore attorno al piede D; affinché, in tal modo, sia il vitreo che la linea dell'osservatore siano a perpendicolo sul pavimento, cosa che, in realtà, è stata messa da noi qui in evidenza con chiarezza.„

La macchina descritta da Stevin può essere ricostruita facilmente con un foglio di cartoncino (pavimento) diviso in tre parti dal segmento BC e da un segmento B'C' ad esso parallelo passante per D (Fig. 2.9).

Sul pavimento sono tracciati i segmenti HA, AD e DF. Il resto della costruzione è tracciato su un foglio di acetato, fissato al pavimento lungo il segmento BC. Un secondo foglio di acetato è fissato lungo il segmento B'C' e contiene il segmento DE. I due fogli di acetato si possono sollevare ruotandoli intorno ai segmenti BC e B'C' fino a disporli ortogonali al pavimento.

Dopo la preparazione alla dimostrazione con la macchina, Stevin introduce così la dimostrazione:

"*Poiché il vitreo al quale appartiene K, e la linea dell'osservatore DE sono perpendicolari, per costruzione, al pavimento, dico che il raggio dall'occhio E, per il vitreo, al punto da disegnare A, attraverso il vitreo nel punto K come immagine dello stesso punto A; come ora si dimostra.„*

Figura 2.10 il margine sinistro della figura a destra deve essere saldato al margine destro di quella a sinistra

2.5 Le anamorfosi

Nel campo della pittura, l'attività degli sperimentatori riserva spazi sempre più ampi agli artifici, alle applicazioni bizzarre e curiose, tra cui anamorfosi, scenografie, raffigurazioni illusionistiche. In particolare la produzione di anamorfosi merita qualche commento.

Nella proiezione di corpi tridimensionali sulla superficie piana del quadro si devono determinare le dimensioni che essi devono avere sul piano del quadro affinché appaiano nelle giuste proporzioni quando si guarda con un solo occhio da un punto fisso. Accade così che proprio all'interno dei metodi elaborati per produrre immagini scorciate è contenuta la possibilità di realizzare anamorfosi. Rispettando pienamente le regole geometriche si possono ottenere figure distorte: se l'osservatore non colloca il proprio occhio esattamente nel punto previsto dall'artefice, esse risultano irriconoscibili o deformi (anamorfosi ottiche). Teorici e pratici hanno perciò assegnato fin dal Quattrocento norme precise affinché chi osserva un quadro o una decorazione guardando "liberamente" (con entrambi gli occhi, da una posizione qualsiasi) percepisca in modo pienamente armonico le profondità spaziali e le proporzioni dei singoli oggetti. Tuttavia le trasgressioni a tali norme, prima rare, diventano sempre più numerose, soprattutto nel Seicento. La diffusione delle anamorfosi e l'interesse per le illusioni ottiche si accompagna a modificazioni complesse nello spazio culturale. Questo fatto è legato a ragioni di:

- Ordine filosofico e religioso: crisi del soggetto, perduto in uno spazio omogeneo e privato della fiducia nelle proprie sensazioni.
- Ordine pratico e scientifico: suscitare meraviglia e ammirazione attraverso effetti scenografici (feste di corte), ma anche mostrare (in opposizione alla fisica aristotelica) il valore e la potenza della magia naturale.
- Ordine estetico (evoluzione del manierismo, affermazione dell'arte barocca).

Si aprono così nuovi terreni di esercizio, che si aggiungono ad altri derivanti dalle applicazioni della prospettiva all'ingegneria (civile o militare) e ai rile-

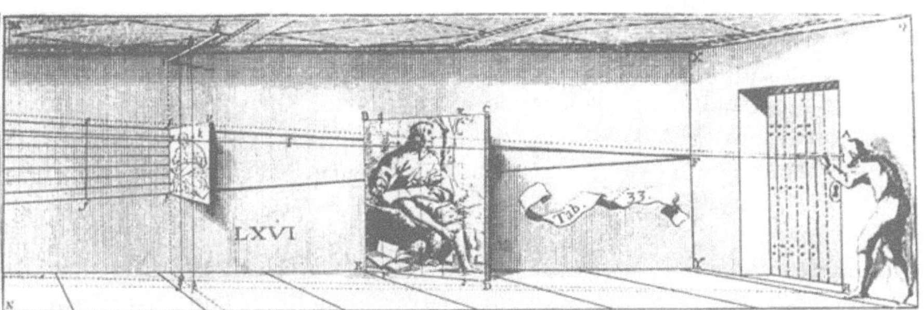

vamenti astronomici e cartografici. Su questi terreni si approfondisce progressivamente quella separazione tra teoria delle proiezioni e delle sezioni (di interesse prevalentemente matematico) e prospettiva come fatto artistico e tecnico, che dà origine e rende a poco a poco autonoma la geometria proiettiva.

Alcuni degli strumenti utilizzati in precedenza per produrre disegni illusionistici (cioè, per produrre sezioni della piramide visiva) sono utilizzato in modo inverso per produrre proiezioni. Valga per tutte l'esempio dell'affresco del convento di Trinità dei Monti, in cui viene usato un vetro ortogonale alla parete con fili (che materializzano i raggi visivi) per produrre un paesaggio che nasconde l'immagine di un santo quando questo è visto da una certa angolazione (vedi un altro esempio nella Fig. 2.10, da Niceron, 1646).

Questo tipo di tecnica inverte il processo di "degradazione" che trasporta dallo spazio al quadro. Dall'ordine

oggetto - piramide visiva - immagine come sezione

si passa all'ordine:

immagine - piramide visiva - oggetto.

La possibilità di invertire la relazione asimmetrica dallo spazio al quadro crea la strada verso la costruzione dei significati di trasformazione proiettiva e di invariante proiettivo, che racchiude il contributo originale di Girard Desargues (1591-1661).

2.6 Verso la geometria proiettiva

Il primo teorico della geometria proiettiva in senso moderno è Desargues. Nel 1636, egli scrive un piccolo trattato di prospettiva: *Exemple de l'une des manieres universelles du S. G. D. L.* [Sieur G. Desargues Lionais] *touchant la pratique de la perspective sans emploier aucun tiers point, de distance ny d'autre nature, qui soit hors du champ de l'ouvrage.* Desargues riprende in modo sintetico alcuni risultati già noti a Guidubaldo del Monte e a Stevin. Gli enunciati sono presentati in modo sistematico, combinando in tutti i modi possibili le situazioni che si presentano considerando una proiezione da un piano all'altro da un punto (occhio).

Riportiamo alcuni estratti dal trattato di Desargues (Field, Gray, 1987):

"*Quando le linee del soggetto* [da ritrarre] *sono parallele l'una rispetto all'altre, e la linea dell'occhio*[1] *condotta parallelamente a queste è parallela al quadro, le immagini di queste linee del soggetto sono linee parallele tra loro, alle linee del soggetto e alla linea dell'occhio, poiché ognuna di queste linee del soggetto giace su uno stesso piano con la linea dell'occhio, in cui tutti i piani si intersecano come nel loro asse comune, e tutti questi piani sono tagliati da un altro piano, il quadro. (1)*„

"*Quando le linee del soggetto* [da ritrarre] *sono parallele l'una rispetto all'altra, e la linea dell'occhio condotta parallelamente a queste non è parallela al quadro, le immagini di queste linee del soggetto sono linee che convergono tutte nel punto in cui la linea dell'occhio incontra il quadro, dato che ognuna di queste linee del soggetto giace su uno stesso piano con la linea dell'occhio, in cui tutti i piani si intersecano come nel loro asse comune, e tutti questi piani sono tagliati da un altro piano, il quadro. (2)*„

"*Quando le linee del soggetto* [da ritrarre] *inclinate l'una rispetto all'altra convergono tutte in un punto, per il quale avendo condotto la linea dell'occhio, essa è parallela al quadro, le immagini di queste linee del soggetto sono linee parallele tra loro, e alla linea dell'occhio, poiché ognuna di queste linee del soggetto giace su uno stesso piano con la linea dell'occhio, in cui tutti i piani si intersecano come nel loro asse comune, e tutti questi piani sono tagliati da un altro piano, il quadro. (3)*„

"*Quando le linee del soggetto* [da ritrarre] *inclinate l'una rispetto all'altra convergono tutte in un punto, per il quale avendo condotto la linea dell'occhio, essa non è parallela al quadro, le immagini di queste linee del soggetto sono linee che convergono tutte nel punto in cui la linea dell'occhio incontra il quadro, dato che ognuna di queste linee del soggetto giace su uno stesso piano con la linea dell'occhio, in cui tutti i piani si intersecano come nel loro asse comune, e tutti questi piani sono tagliati da un altro piano, il quadro. (4)*„

[1] "Immaginiamo che per il centro fisso dell'occhio passi una linea indeterminata e mobile in ogni direzione, tale linea è qui chiamata LINEA DELL'OCCHIO la quale può all'occorrenza essere condotta parallelamente a una qualsiasi altra linea.„

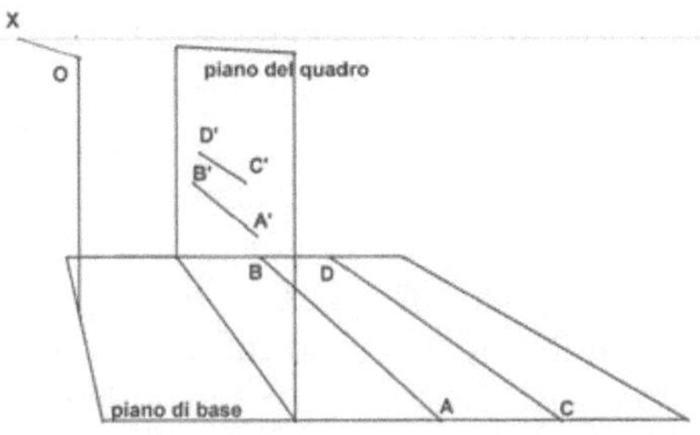

Figura 2.11 caso (1)
- Linee del soggetto da rappresentare: AB e CD (parallele).
- Linea dell'occhio O ad esse parallela e parallela al piano del quadro: OX.
- A'B' e C'D' immagini (parallele).
- Due piani contengono tutti i punti: OAB (A'B') e OCD (C'D').

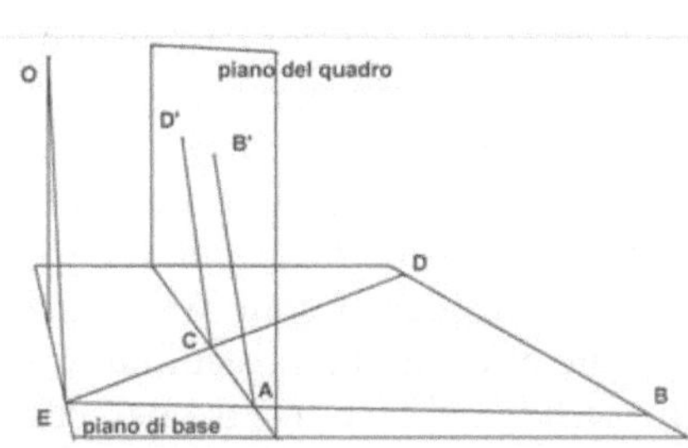

Figura 2.12 caso (3)
- Linee del soggetto da rappresentare: AB e CD che tendono ad E (OE parallelo al piano del quadro).
- AB' è immagine di AB e CD' di CD.
- Due piani contengono tutti i punti: OEABB' e OECDD'.

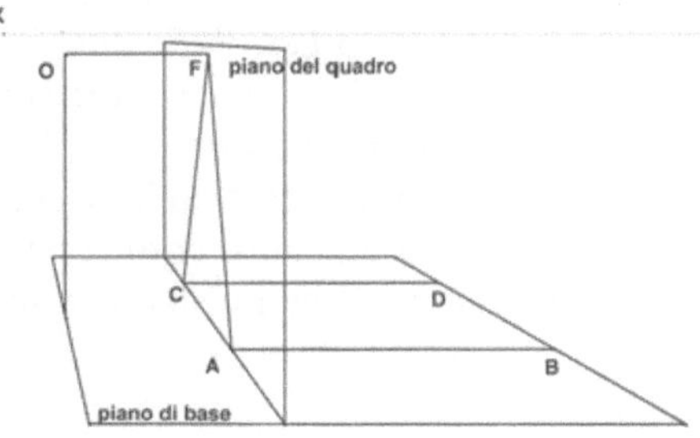

Figura 2.13 caso (2)
- Linee del soggetto da rappresentare: AB e CD (parallele).
- Linea per l'occhio O ad esse parallela e non parallela al piano del quadro: OF.
- AF e CF immagini (incidenti in F).
- Due piani contengono tutti i punti: OFCD e OFAB.

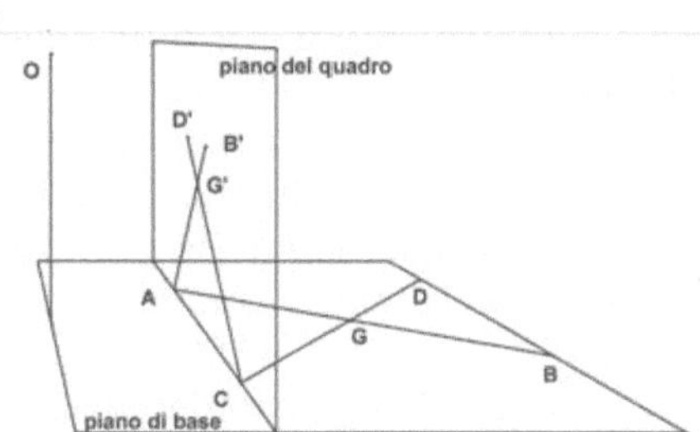

Figura 2.14 caso (4)
- Linee del soggetto da rappresentare: AB e CD incidenti in G.
- AB' e CD' immagini (incidenti in G').
- Due piani contengono tutti i punti: OCDD' e OABB'.

Desargues affronta il problema della generalizzazione, partendo dal generale per sviluppare, per esaurimento, tutti i possibili casi particolari. Dal suo punto di vista, un metodo è generale se risolve un problema con lo stesso discorso, cioè se, attraverso una proprietà generale, esso fornisce soluzioni valide in casi diversi, che ne sono dipendenti. Questa idea è contenuta in una lettera (1638) scritta a padre Marin Mersenne (1588-1648) nel periodo in cui sta preparando il *Brouillon Project d'une atteinte aux événemens des rencontres d'un Cone avec un Plan* (1639). Questa lettera può essere considerata come l'atto fondante la geometria proiettiva, intesa come lo studio delle proprietà delle figure che si conservano per proiezione. L'idea è applicata in modo sistematico nel testo più famoso di Desargues, il *Brouillon Project*. Il "solo e medesimo discorso" è sistematicamente utilizzato per tenere sotto controllo i casi in cui alcuni degli oggetti considerati sono a distanza infinita, lasciandosi guidare da ciò che avviene al finito. La possibilità di lasciarsi guidare per il caso infinito da ciò che accade nel caso finito è ben compresa da Descartes, che così conclude una lettera (1639) inviata a Desargues (Field, Gray, 1987):

"*Per ciò che riguarda la vostra trattazione delle rette parallele come rette che si incontrano in una 'meta' a distanza infinita, in modo da metterle nella stessa categoria delle rette che si incontrano in un punto, questo è molto positivo, a patto che voi la usiate, come io sono sicuro che fate, come un aiuto a capire quello che è difficile capire in uno dei tipi, confrontandolo con l'altro, dove invece è chiaro, piuttosto che il viceversa.*„

Alcuni anni dopo, Philippe de La Hire (1640-1718), riprendendo la teoria di Desargues e di Blaise Pascal (1623-1662), propone, in uno stile più didascalico, un approccio proiettivo piano alle coniche nel capitolo *Les Planiconiques* del libro *Nouvelle Méthode en Géométrie pour les sections des superficies coniques et cylindriques* (1673). De La Hire studia le coniche come curve *formate* da un cerchio. In tale capitolo, infatti, è presentata una costruzione eseguibile con riga e compasso per ottenere i punti di una qualsiasi conica partendo da un cerchio e con operazioni totalmente interne al piano su cui giace il cerchio.

Sono date le seguenti definizioni.

Definizioni

"*Date due rette parallele e un punto sullo stesso piano, una delle rette è detta DIRETTRICE, l'altra FORMATRICE e il punto POLO.*

Data la direttrice BC su un piano la formatrice DE e il polo A non appartenente alla direttrice e dato un qualsiasi punto H sullo stesso piano, se tracciamo la retta AH per il polo A e una qualsiasi retta HX per il punto H e per un punto X della direttrice, che taglia la formatrice in Z, disegniamo la retta AX e la retta ZL per Z parallela ad AX fino a tagliare AH in L, il punto L si dice formato dal punto H„

La Figura 2.15 mostra la costruzione così come è presentata da de La Hire. La genesi spaziale della costruzione può essere seguita sul cd-rom: essa giustifica l'indipendenza del punto L dalla scelta di X sulla retta BC.

Se si sceglie un punto X' diverso da X su BC e si esegue la stessa costruzione, si ottiene lo stesso punto L. La configurazione mostra una coppia di triangoli omologici (Fig. 2.17 e 2.18).

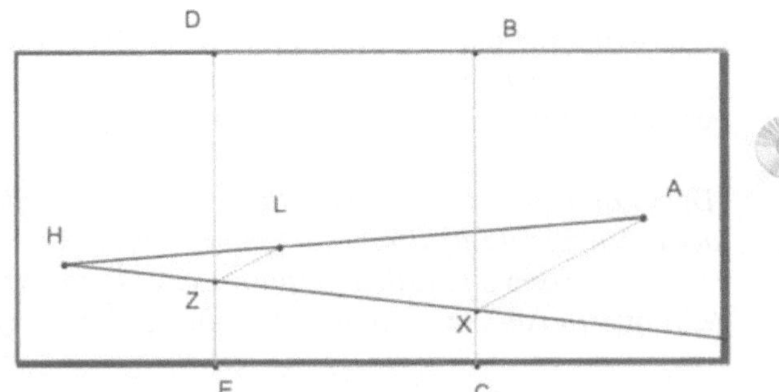

Figura 2.15 formazione di de La Hire

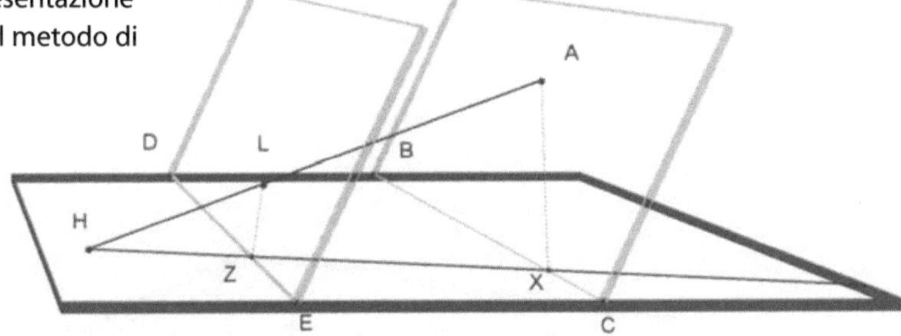

Figura 2.16 rappresentazione tridimensionale del metodo di de La Hire

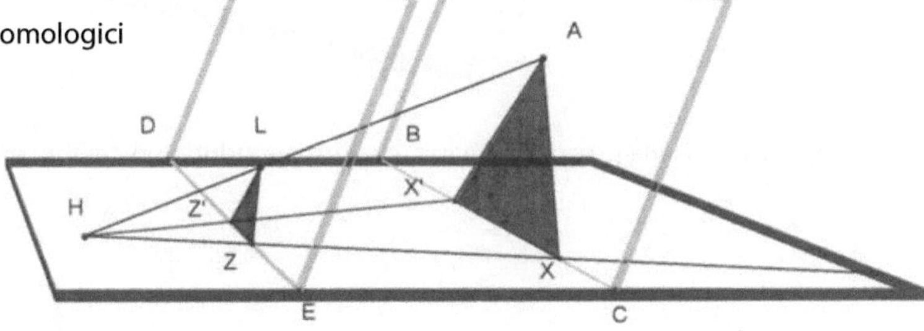

Figura 2.17 triangoli omologici (nello spazio)

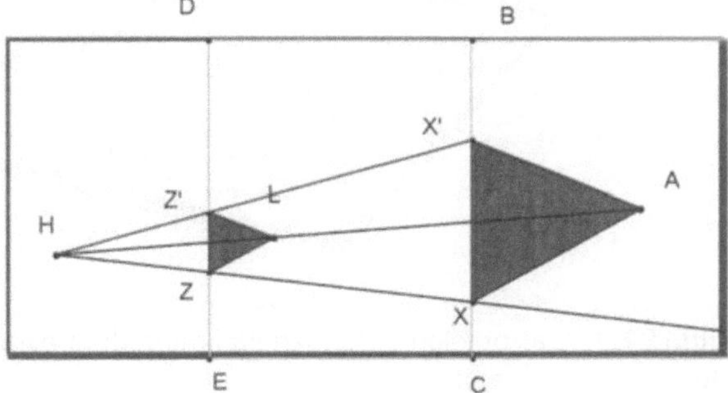

Figura 2.18 triangoli omologici (nel piano)

La costruzione piana è ottenuta dalla costruzione spaziale attraverso il ribaltamento di Stevin. Questa costruzione (formazione) è applicata da de La Hire per definire tutte le coniche (non degeneri).

"*Dobbiamo considerare che nella generazione delle curve, se la direttrice [BC] tocca [è tangente a] il cerchio generatore, è come se il piano [passante] per il vertice del cono e parallelo al piano secante toccasse [fosse tangente a] il cono, & in questo caso la sezione sul piano secante si chiama* Parabola (Fig. 2.19 e 2.20).

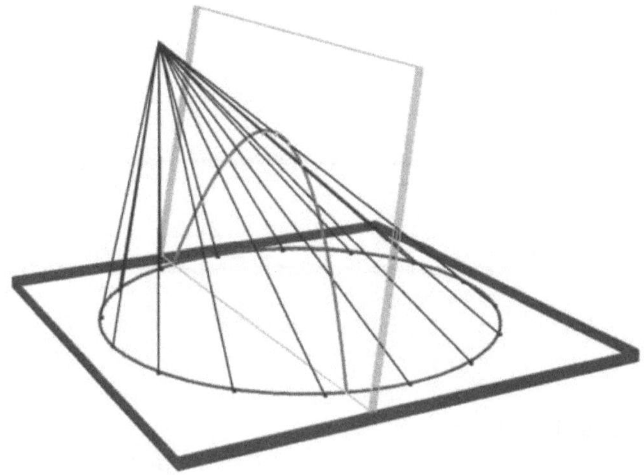

Figura 2.19 Dalla prospettività in cui si corrispondono un cerchio e una parabola...

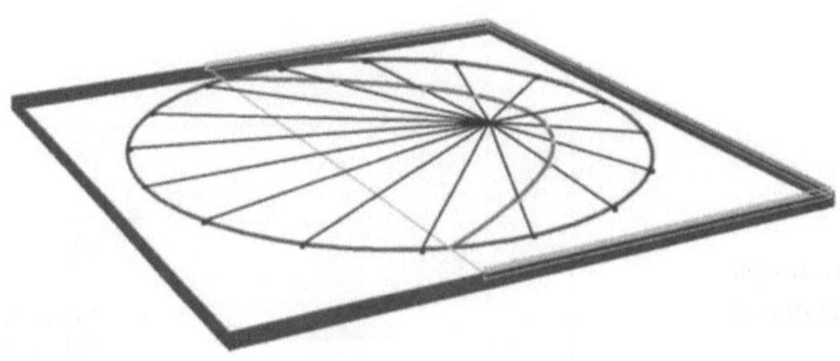

Figura 2.20 ... all'omologia che genera i punti della parabola partendo da quelli del cerchio

Se la direttrice non incontra in nessun punto il cerchio generatore, cioè se il piano per il vertice parallelo al piano secante non incontra in nessun punto il cono, la sezione sul piano secante si chiama Ellisse *e questa sezione può essere un cerchio che è chiamato da Apollonio* Sezione di senso contrario *a causa del fatto che il triangolo che ha il suo vertice in comune con quello del cono, & per base uno dei diametri del cerchio che ne è la base, & che essendo perpendicolare al piano di questa base del cono, è tagliato perpendicolarmente dal piano secante sul quale è la sezione, di modo che il triangolo che resta verso il vertice sia simile al triangolo totale ma posto in senso contrario.*

Infine se la direttrice taglia il cerchio generatore, o se il piano per il vertice parallelo al piano secante taglia il cono, la sezione sul piano secante si chiama Iperbole, *o le sezioni dei due coni opposti al vertice che sono tagliati entrambi, in questo caso del piano secante, si chiamano* Iperboli *o* Sezioni opposte.„

Dunque le coniche sono considerate, in modo unificato, come *anamorfosi* di un cerchio. Il vertice del cono che proietta una conica è inteso come il punto (occhio) da cui escono i raggi visivi, di modo che non solo la stessa conica può essere vista in modi diversi, ma due coniche diverse possono essere viste come coincidenti se cambia il punto di vista. In altre parole, *essere una conica (non degenere) è un invariante proiettivo*. Anche se la formazione definita da de La Hire è un'omologia in senso moderno, poiché la corrispondenza è definita per un punto generico A, essa non appare come trasformazione del piano in sè: è una costruzione particolare che genera punti di una figura singola (la conica) partendo da quelli di un'altra singola figura (il cerchio).

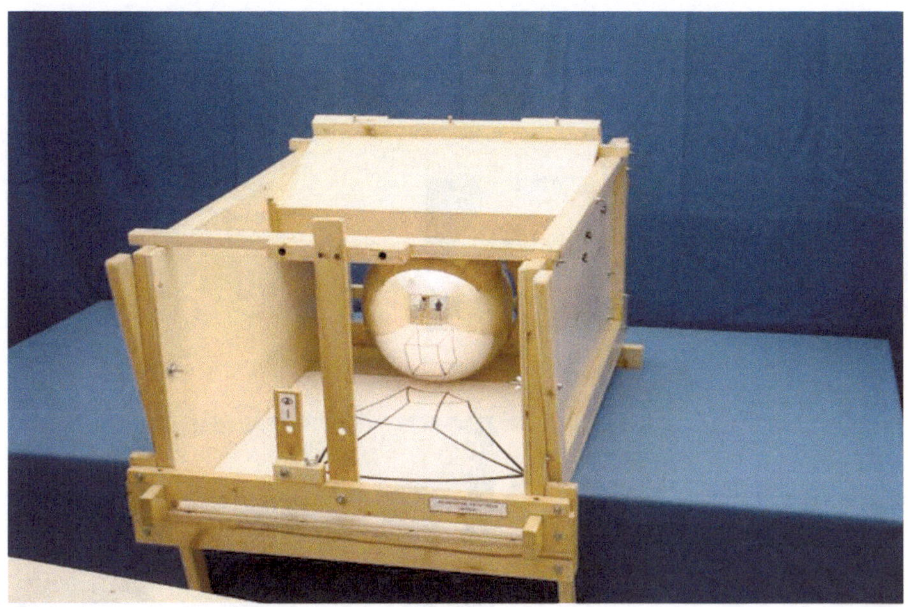

Anamorfosi catottrica: sfera

Vetro (finestra) di Dürer

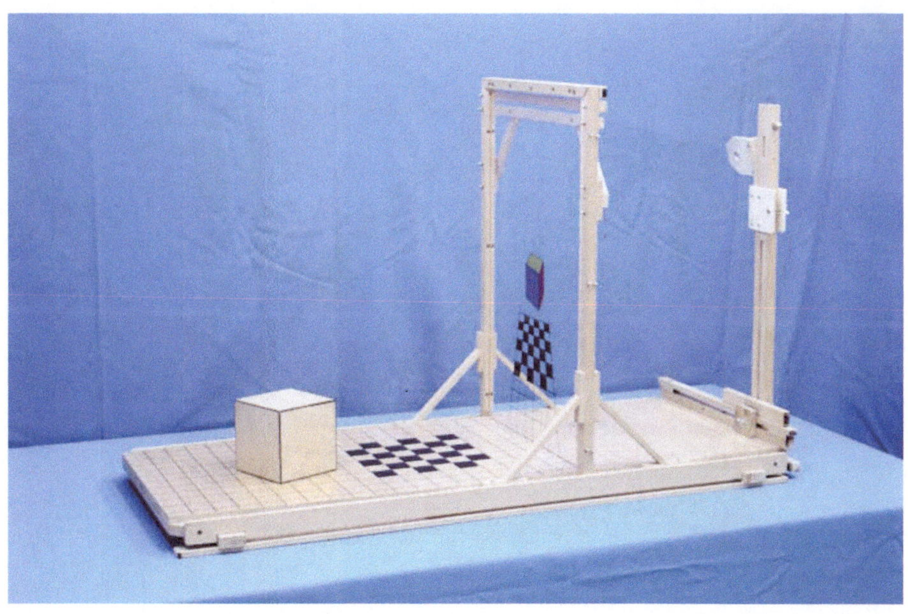

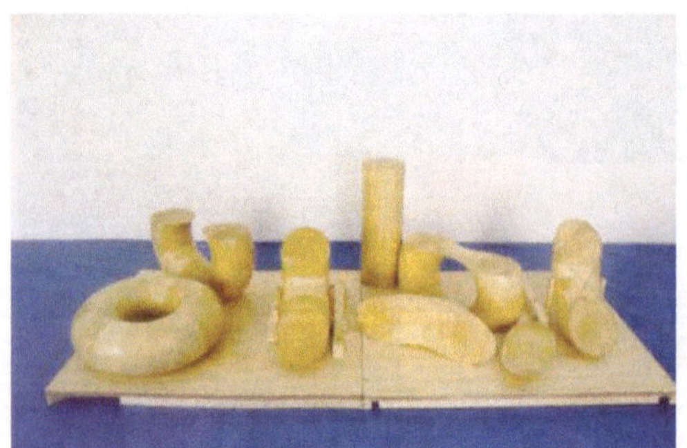

Sezioni del toro

Macchina di Descartes
per lenti iperboliche

Teorema di Dandelin: elisse

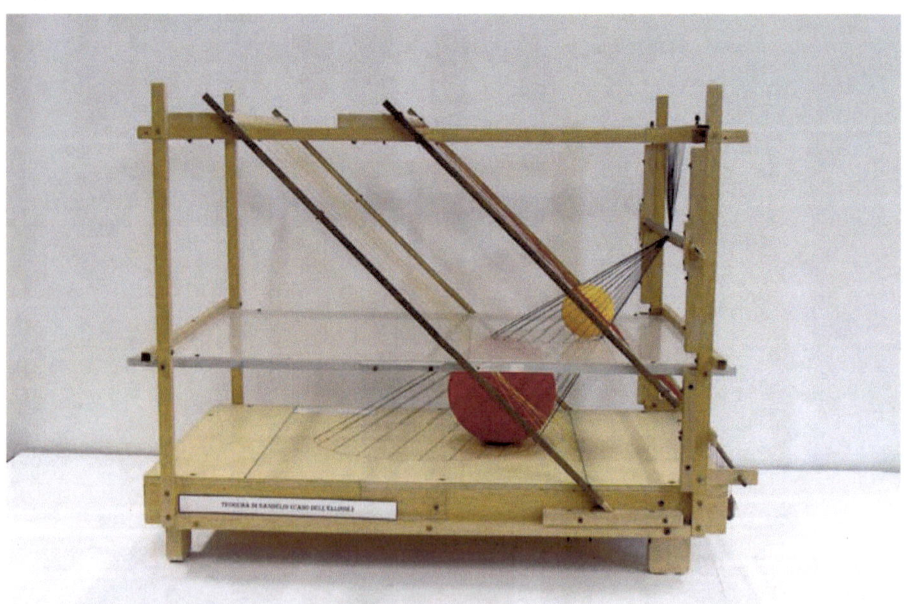

Genesi tridimensionale dell'omotetia

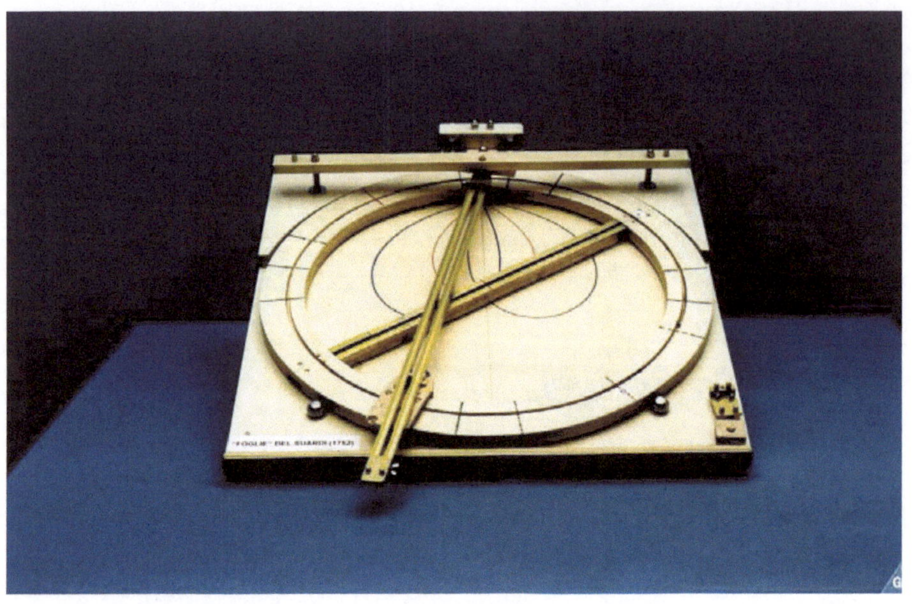

Generazioni di cubiche: "Foglie" del Suardi

Coniche nello spazio a tre dimensioni: il compasso perfetto

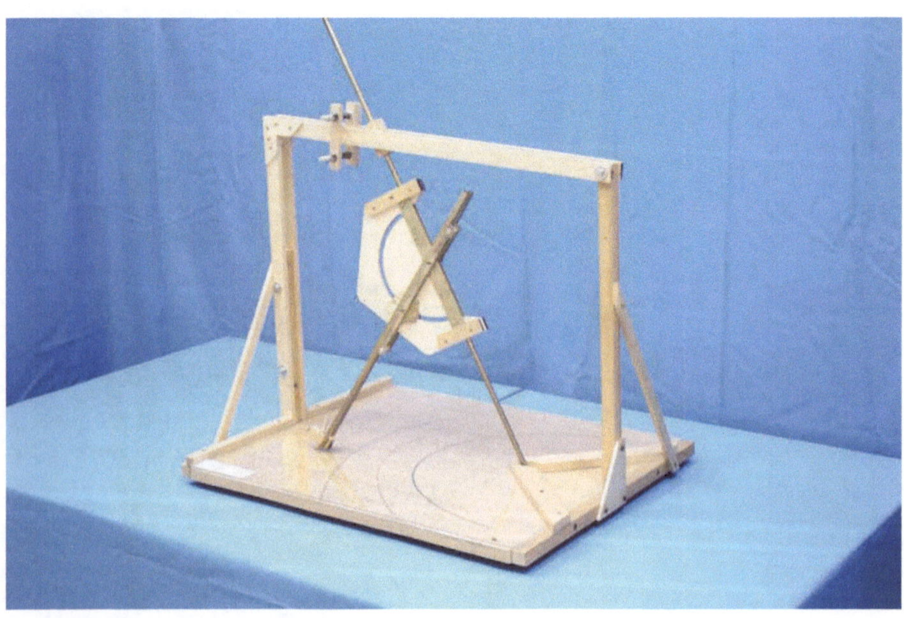

3
Un primo bilancio

Le due grandi categorie degli strumenti presentati nei capitoli precedenti fanno riferimento a rappresentazioni dello spazio fornite da diversi sensi. Federigo Enriques (1871-1946) nel libro *Problemi della scienza* (1909), analizza l'acquisizione psicologica dei concetti geometrici, soffermandosi sulla distinzione tra sensazioni muscolari, tattili e visive. Secondo Enriques, le sensazioni di tipo tattile-muscolare forniscono una rappresentazione elementare della geometria metrica, mentre le sensazioni di tipo visivo forniscono gli elementi costruttivi della geometria proiettiva.

Questa distinzione generale sembra trovare corrispondenza negli stili di soluzione di problemi, che in soggetti diversi possono mettere in moto modalità di pensiero diverse. Ricordiamo le ricerche svolte da Krutetskii (1976), che al termine di un'indagine sistematica sulle abilità matematiche degli allievi, conclude con l'individuazione di tre diverse strutture di abilità matematiche: *analitica* (caratterizzata da una forte componente logico-verbale), *geometrica* (caratterizzata da una forte componente visivo-pittorica) ed *armonica* (caratterizzata da un equilibrio tra le altre due). L'autore collega questi risultati sperimentali agli studi epistemologici condotti da Jules Henri Poincaré (1854-1912), Jacques Salomon Hadamard (1865-1963) ed altri (vedi anche Mariotti, 2005).

Nel Seicento si vengono affermando, se pure con impatto diverso sulla comunità dei matematici, due stili di pensiero complementari: lo stile analitico e lo stile sintetico. Due matematici possono essere assunti come voci rappresentative dei due stili di pensiero, e, parallelamente, delle due categorie di strumenti, basate sulla manipolazione diretta e sulla visione: Descartes per la teoria degli strumenti meccanici e Desargues per la teoria degli strumenti del disegno in prospettiva.

Non è questa la sede in cui presentare i contributi dati allo sviluppo della matematica da Descartes e Desargues, protagonisti di una stagione estremamente fertile per la scienza moderna e collegati entrambi al circolo parigino di padre Mersenne. Basterà qui ricordare che si deve a Descartes l'elaborazione dei fondamenti della geometria analitica e a Desargues quella dei fondamenti della geometria proiettiva.

Descartes e Desargues operano, negli stessi anni, a Parigi; le loro opere più significative escono a due anni di distanza (*La Géométrie* nel 1637, il *Brouillon Project d'une atteinte aux événemens des rencontres d'un Cone avec un Plan* nel 1639). Tuttavia, la fortuna delle loro opere è diversa: il successo immediato dell'approccio cartesiano getta nell'ombra l'approccio di Desargues, che sarà riscoperto e valorizzato completamente solo all'inizio dell'Ottocento.

Il confronto tra Descartes e Desargues è un classico della letteratura storico-epistemologica. In questo capitolo, riprenderemo brevemente alcuni studi, collegandoli in modo esplicito alle finalità didattiche di questo libro.

3.1 Due stili a confronto

Descartes e Desargues condividono (Granger, 1988) due atteggiamenti: l'interesse per la matematica applicata e la tensione verso metodi di soluzione generali.

Descartes (Granger, 1988) in una lettera a padre Mersenne del 1630 si dichiara *disgustato* dalla matematica pura. In un'altra lettera del 1638, egli scrive di avere deciso

"*di abbandonare la geometria astratta, cioè la risoluzione dei problemi che non servono se non a esercitare lo spirito; e ciò al fine di avere più tempo di coltivare un'altra geometria che si propone come problemi la spiegazione dei fenomeni della natura.*„

Una testimonianza dell'interesse di Descartes per i problemi della matematica applicata si ha nella *Dioptrique* (1637), in cui viene descritta una macchina per il taglio di lenti a profilo iperbolico.

D'altra parte, all'inizio della *Manière universelle de M. Desargues pour pratiquer la perspective par petit pied, comme le Géométral*, pubblicata nel 1648 da Abraham Bosse (1604-1676), allievo di Desargues e divulgatore dei suoi lavori, è riportata la seguente affermazione attribuita a Desargues:

"*Riconosco francamente di non aver mai provato piacere nello studio e nella ricerca né nel campo della fisica né della geometria, se non in quanto queste possono servire come mezzo per arrivare a una qualche sorta di conoscenza delle cause prossime degli effetti delle cose che si possa tradurre, all'atto pratico, nel bene e nella comodità della vita, che sia usata per la cura e la conservazione della salute e, come applicazione, nella pratica di qualche arte.*„

La prospettiva è applicata da Desargues alla costruzione di meridiane ("*Touchant les monstres de l'heure au soleil*", nel *Brouillon Project*) e al taglio delle pietre ("*Touchant la coupe des pierres de taille*", nel *Brouillon Project*).
La tensione verso metodi generali è un altro tratto comune, anche se sono diverse le soluzioni adottate. La generalità del calcolo algebrico è la soluzione di Descartes (inizio de *La Géométrie*):

"*Tutti i Problemi di Geometria possono facilmente esser riportati a termini tali che poi, per costruirli, non c'è da conoscere che la lunghezza di alcune linee rette.*„

Uno dei criteri di Descartes per accogliere le soluzioni è basato sull'esistenza di uno strumento che tracci con moto continuo una curva. Desargues, invece, considera un metodo generale se esso risolve un problema *con lo stesso discorso*, cioè se, attraverso una proprietà generale, esso fornisce soluzioni valide in casi diversi, che ne sono dipendenti (vedi Capitolo 2). I due autori possono essere assunti come rappresentanti di due stili[1] molto diversi che si possono brevemente connotare con i termini analitico e sintetico.

Descartes opera nella tradizione euclidea. Gli strumenti che giudica ammissibili sono strumenti meccanici che, come la riga e il compasso, operano in una regione limitata del piano. Desargues, pur ricollegandosi alla tradizione classica di Apollonio che definisce le coniche come sezioni nello spazio, introduce un approccio completamente nuovo e, come egli stesso dice nelle prime righe del *Brouillon Project*, sconcertante e perfino incomprensibile:

“ *Ciascuno si formerà la sua opinione sia su quello che noi deduciamo sia sul modo in cui lo deduciamo, e vedrà che la nostra ragione sta tentando di afferrare, da un lato, quantità infinite, ed insieme con queste, quantità così piccole che diminuiscono in modo da ridurre le loro estremità opposte a una sola; e [vedrà anche] che queste quantità sono oltre la nostra comprensione, non solo perché esse sono oltre ogni immaginazione grandi o piccole, ma anche perché il ragionamento ordinario ci conduce a dedurre dalle loro dimensioni proprietà che esso non può comprendere.* „

Inoltre il linguaggio introdotto, spesso di origine botanica, non è quello classico. L'originalità di Desargues, sostanziale e formale, giustifica la scarsa diffusione dei suoi lavori prima che l'intervento di suoi seguaci, come de La Hire, li renda più accessibili agli studiosi dell'epoca. La stravaganza linguistica è un rimprovero che anche Descartes rivolge al collega in una celebre lettera del 1639 (Field & Gray, 1987):

“*Signore,*
l'apertura che io ho osservato nel vostro carattere, e le mie obbligazioni per voi, mi invitano a scrivere liberamente quello che io posso congetturare del Trattato sulle Sezioni Coniche *del quale il Reverendo Padre Mersenne mi ha fatto avere la* Bozza. *Voi potete avere due progetti, che sono molto buoni e lodevoli, ma che non richiedono lo stesso tipo di azione. Uno è quello di scrivere per le persone colte, e di istruirle su alcune nuove proprietà delle coniche con cui essi non sono ancora familiari; l'altro è quello di scrivere per la gente che è interessata ma non ancora colta, e di rendere questo argomento, che fino ad ora è stato compreso da pochi, ma che nondimeno è molto utile per la Prospettiva, l'Architettura ecc., accessibile alla gente comune e facilmente comprensibile da coloro che lo studiano dal vostro libro. Se voi avete il primo di questi progetti, non mi pare che voi abbiate bisogno*

---

[1] Lo *stile* è definito da Granger come modalità di integrazione dell'individuale in un processo concreto che è il lavoro (lavoro qui inteso come la struttura costititiva della pratica, la quale corrisponde a un'attività considerata con le condizioni sociali che le danno significato in un mondo effettivamente vissuto).

di usare termini nuovi: poiché le persone colte, essendo già abituate ai termini usati da Apollonio, non li cambieranno facilmente per altri, perfino migliori, e così i vostri termini avranno solo l'effetto di rendere le vostre dimostrazioni più difficili per loro e scoraggeranno la lettura. Se voi avete il secondo progetto, i vostri termini, essendo in Francese, e mostrando arguzia ed eleganza nella loro invenzione, saranno certamente meglio accettati di quello degli Antichi dalle persone che non hanno pregiudizi; ed essi potrebbero perfino servire ad attirare alcune persone a leggere il vostro libro, come leggono libri di Araldica, Caccia, Architettura ecc. senza nessun desiderio di diventare cacciatori o architetti, ma solo per imparare a parlare di tali argomenti correttamente. Ma se questa è la vostra intenzione, voi dovreste sforzarvi di scrivere un libro voluminoso, e in quello spiegare ogni cosa così pienamente, chiaramente e distintamente che questi signori che non riescono a studiare un libro senza sbadigliare e non riescono ad esercitare la loro immaginazione per capire una proposizione di Geometria né voltare pagina per guardare le lettere su una figura, non troveranno nulla nel vostro discorso che sembri loro meno facile da capire che la descrizione di un palazzo incantato in un racconto. E, per questo fine, mi pare che, per rendere le vostre dimostrazioni meno pesanti, non sia fuori luogo l'uso della terminologia e dello stile di calcolo dell'Aritmetica, come io ho fatto nella mia Geometria, perché ci sono molte più persone che sanno che cosa è una moltiplicazione di quante ve ne siano che sanno cosa vuol dire comporre proporzioni ecc.„

Il testo di Desargues è di lettura impegnativa, anche per chi conosce gli sviluppi successivi della geometria proiettiva e riesce a colmarne le lacune, soprattutto se confrontato con il testo di Descartes che può ancora oggi essere assunto come modello per un testo di natura didattica.

Il concetto di infinito in Descartes è ammissibile solo in quanto ridotto a procedure iterative eseguibili e ben controllate. Ecco che cosa scrive Descartes (1630) a padre Mersenne.

"A proposito dell'infinito, voi dicevate che se c'era una linea infinita, avrebbe un numero infinito di piedi[2] *e di tese, e per conseguenza che il numero infinito di piedi sarebbe sei volte maggiore del numero di tese – Sono d'accordo con tutto ciò. Allora questo ultimo non è infinito – Nego la conseguenza. Ma un infinito non può essere più grande di un altro. Perché no? Che cosa vi è di assurdo? Principalmente se è soltanto maggiore in un rapporto finito, come in questo caso, dove la moltiplicazione per sei è un rapporto finito che non interessa per nulla l'infinito. E in più, quale ragione abbiamo per giudicare se un infinito può essere maggiore o no ad un altro? Dato che cesserebbe di essere infinito, se lo potessimo comprendere.„*

[2] Piede e tesa sono antiche misura francesi di lunghezza, corrispondente il primo a circa 32,5 centimetri e la seconda a circa 1, 949 metri.

C'è qualche analogia con quanto afferma Galileo Galilei (1564-1642) nei *Discorsi e dimostrazioni matematiche intorno a due nuove scienze, Giornata Prima* (Giusti, 1990a).

"*Qui nasce subito il dubbio, che mi pare insolubile: ed è, che sendo noi sicuri trovarsi linee una maggior dell'altra, tutta volta che amendue contenghino punti infiniti bisogna confessare trovarsi nel medesimo genere una cosa maggior dell'infinito, perché la infinità de i punti della linea maggiore eccederà l'infinità de i punti della minore. Ora questo darsi un infinito maggior dell'infinito mi par concetto da non poter esser capito in verun modo.*

Queste son di quelle difficoltà che derivano dal discorrer che noi facciamo col nostro intelletto finito intorno a gl'infiniti, dandogli quelli attributi che noi diamo alle cose finite e terminate; il che penso che sia inconveniente, perché stimo che questi attributi di maggioranza, minorità ed egualità non convenghino a gl'infiniti, de i quali non si può dire, uno esser maggiore o minore o eguale all'altro.„

Come si è visto più sopra, Desargues non ha paura di affrontare quantità oltre la nostra comprensione e, alla fine del *Brouillon Project*, espone una concezione di geometria che prende le distanze dalla metrica cartesiana:

"*In geometria, non si ragiona sulle quantità con questa distinzione, se esse esistano o effettivamente in atto o soltanto potenzialmente, né di ciò che è generale in natura con tale decisione, che non esista nulla che l'intelletto non comprenda a proposito della retta infinita.*„

Otte (1997) così descrive le posizioni dei due matematici.

"*Nel diciassettesimo secolo la percezione geometrica si separò, per così dire, in due forme di geometria relativamente separate, in due diversi stili geometrici. Uno di questi è rappresentato dal lavoro di Descartes (1596-1650): la geometria dell'attività meccanico-metrica. La retta nella geometria Cartesiana corrisponde ad un asse di rotazione o al bordo di un righello. L'altro stile geometrico è rappresentato dal lavoro di Desargues (1591-1661). La retta della geometria Desarguesiana è il raggio di luce o il raggio visivo. È una geometria sulla quale, fra le altre cose, è basata la prospettiva nella pittura. Ogni sistema è basato su differenti concetti di base e oggetti fondamentali. Nella geometria cartesiana, questi includono il concetto di distanza, o il cerchio come oggetto geometrico. Le altre strutture o concetti sono definiti in funzione di questi. La retta infinita in un piano o il piano infinito nello spazio appaiono come luoghi geometrici di tutti i punti che hanno la stessa distanza da due punti fissi dati. Per la geometria di Desargues la retta infinita e il piano infinito sono elementi di base.*„

Le scelte operate dai due matematici sono evidenti attraverso gli strumenti descritti nelle loro opere. Uno strumento che ben illustra l'approccio cartesiano è l'iperbolografo già descritto al Capitolo 1 paragrafo 6. Uno strumento che illustra l'approccio desarguesiano è il prospettografo, che, con i movimenti introdotti da Stevin (vedi Capitolo 2 paragrafo 4), consente di riportare la degradazione di una figura da un piano ad un altro ad una trasformazione di un piano in sé.

Il prospettografo di Scheiner, in un certo senso, costituisce uno strumento di collegamento: è uno strumento per il disegno prospettico, che incorpora il vetro del disegno per trasparenza; è uno strumento meccanico, che incorpora un sistema articolato per la realizzazione di ingrandimenti.

Il confronto di Otte è ampiamente influenzato dal confronto operato da Granger:

"*Una conica, per gli antichi o per Descartes, non è altro che il nome generico di un oggetto* virtuale *e incompleto, che diventa specifico - un cerchio, un'iperbole, una parabola - quando i parametri sono determinati. Per Desargues è un oggetto reale, completamente determinato nella sua natura proiettiva; le specificazioni occorrono solo per ragioni accidentali.*„

Ciò che interessa Desargues sono le proprietà comuni alle diverse specificazioni, quelli che più tardi saranno chiamati gli invarianti proiettivi. Prosegue Otte:

"*In questo modo egli spianò la via verso una metodologia matematica capace di maneggiare oggetti "generali": cioè, tipi o generi che non sono dati direttamente ma dati per mezzo di un "continuo" di specie, di manifestazioni particolari, e che tuttavia sono generali e come tali non sono specificati in ogni dettaglio. L'approccio di Descartes, al contrario, cerca di risolvere il problema fondazionale attraverso la legittimazione solo di oggetti che possono essere definiti in termini molto specifici, aritmetici. L'approccio di Descartes opera con oggetti specificati molto minuziosamente, sfumando la nostra intuizione della semantica della matematica, ma dando una sintassi ricca e ben elaborata. Desargues, d'altro canto, opera con una semantica intuitivamente ricca, ma con regole sintattiche molto difficili. Uno stile è metonimico, l'altro metaforico.*„

In questo caso Otte fa esplicito riferimento ancora al testo di Granger che sottolinea le differenze di stile nei lavori di Descartes e Desargues, attraverso il riferimento ai concetti di "metonimia"[3] e "metafora"[4], rispettivamente.

---

[3] Metonimia nel senso generale caratterizza l'uso di una parte per il tutto (per esempio" bel set di ruote" per "bella automobile") o viceversa (" l'amministrazione ci ha onorato con una visita" = "il principale è appena entrato"). Nel vocabolario critico moderno il senso è stato successivamente allargato a includere ogni sostituzione basata su ogni tipo di contiguità contestuale.

[4] Metafora nel senso generale caratterizza la sostituzione di un concetto simile con un altro. La somiglianza può essere esplicita ("ella entra bella come la notte) o implicita ("alcuni maiali lasciano i piatti sporchi nel lavandino").

Anche Dhombres (1994) presenta un confronto tra Descartes e Desargues, sottolineando che le loro opzioni matematiche sono nette ed opponibili l'una all'altra. Entrambi unificano, se pure in modo diverso, la trattazione di curve (ellisse, iperbole e parabola), tradizionalmente affrontate in modo distinto fino dai tempi di Apollonio. Descartes e Desargues unificano le trattazioni, usando come criterio unificatore il grado dell'equazione (Descartes) ovvero la proiezione centrale (Desargues). Il primo è un criterio unificatore *par indifférenciation*, il secondo *par réduction.*

I due stili di pensiero riconoscibili in Desargues e Descartes si svilupperanno in modo relativamente indipendente dando origine a due sistemi virtualmente esclusivi. Il primo darà rilievo ai metodi di esposizione sintetici; il secondo darà rilievo ai metodi di esposizione analitici che culmineranno nel programma di aritmetizzazione della matematica.

3.2 Conclusione

Questo breve capitolo costituisce una sorta di intermezzo tra la trattazione storica e matematica delle due categorie di strumenti e la loro introduzione nella didattica della matematica, una didattica aperta all'interazione tra matematica e tecnologia (collegabile soprattutto alla categoria degli strumenti meccanici) e all'interazione tra matematica ed arte (collegabile soprattutto alla categoria degli strumenti per la prospettiva). È quindi una didattica che mira al superamento delle tradizionali barriere tra conoscenze acquisite a scuola e conoscenze utili nelle situazioni extrascolastiche.

La tesi generale su cui si basa la nostra interpretazione del laboratorio di matematica è che il significato di molti oggetti matematici (tra cui, ad esempio, quelli di conica, di curva algebrica, di trasformazione proiettiva, ecc.) è il risultato di relazioni complesse tra i diversi processi di studio messi in opera in epoche diverse, ciascuno dei quali ha lasciato sedimenti nei termini, nei problemi, nei mezzi di rappresentazione, nelle regole di azione, nei sistemi di controllo. In ogni sezione temporale, oggetti matematici diversi sono stati costruiti dai matematici in epoche diverse, ma, come mostra il caso di Descartes e Desargues, anche nella stessa epoca. Ciò che essi hanno in comune è (e non sempre) il nome e la tradizione di alcuni problemi classici. Le differenze sono tanto grandi che i matematici devono *dimostrare* che si tratta degli stessi oggetti.

Anche se i prodotti di ogni autore possono essere investigati con rigorosi strumenti storiografici, la costruzione del significato a fini didattici esige la libertà di muoversi tra essi con anacronismi consapevoli, mescolando gli approcci costruiti nelle varie fasi storiche. Così oggi possiamo pensare che l'ortotome sia *la stessa curva* generata dal parabolografo di Cavalieri, dal taglio del cono di Desargues e dagli strumenti a filo di Descartes – van Schooten, ed usare le definizioni come complementari e illustrative di modi profondamente diversi di concepire lo spazio geometrico. E ancora, introdurre un sistema di riferimento cartesiano ortogonale per scriverne l'equazione, confrontandola con l'equazione generale di una parabola così come è caratterizzata dai suoi invarianti analitici.

L'esplorazione di macchine può costituire una sorta di traccia attraverso questo percorso storico. La definizione di percorsi didattici efficaci richiede, tuttavia, anche altri strumenti di natura metodologica. Alla descrizioni di tali strumenti saranno dedicati i prossimi due capitoli.

4
Alcuni strumenti metodologici

In questo capitolo ci proponiamo di descrivere alcuni strumenti metodologici che possono aiutare nella progettazione e nell'analisi delle attività didattiche sulle macchine matematiche. Questi strumenti provengono dall'epistemologia, dalla psicologia, dalle scienze cognitive e dalla sociologia. Essi sono reinterpretati in questo testo per un loro utilizzo nella didattica.

Inizieremo precisando, dal punto di vista storico-epistemologico, alcune nozioni (artefatto, utensile, strumento), che ci consentiranno di identificare una caratteristica delle macchine matematiche, importante per le applicazioni didattiche: esse sono artefatti polisemici (in cui coesistono, cioè, più significati), poiché nel corso della loro storia, hanno assunto funzioni diverse, passando, ad esempio, dall'uso nella pratica, ad un uso teorico.

Introdurremo poi un punto di vista cognitivo, soffermandoci sull'approccio strumentale di Rabardel, che affianca all'analisi dell'artefatto l'analisi degli schemi d'uso relativi al soggetto. Presenteremo poi, da un punto di vista critico, le ricerche svolte nella linguistica cognitiva da Lakoff e Núñez sull'origine delle idee della matematica, mostrando che la loro analisi si mostra insufficiente proprio nei casi in cui la genesi è fortemente radicata nell'uso di artefatti. A tale scopo, esamineremo in particolare, il caso della geometria proiettiva, così come si può ricostruire analizzando alcuni brani delle opere di Desargues.

4.1 L'analisi storico - epistemologica

Wartofsky (1979), in un saggio su *Perception, Representation, and the Forms of Action: Towards an Historical Epistemology* distingue, tra i prodotti esterni dell'attività collettiva della specie umana, gli artefatti primari, secondari, terziari.

"*Ciò che costituisce una forma tipicamente umana di azione è la creazione e l'uso di artefatti, come strumenti, nella produzione dei mezzi di esistenza e nella riproduzione della specie.*

Gli artefatti primari *sono quelli usati direttamente in questa produzione; gli* artefatti secondari *sono quelli usati nella conservazione e nella trasmissione delle abilità, dei modi di azione e della prassi acquisite e per mezzo delle quali è realizzata questa produzione. Gli artefatti secondari sono quindi rappresentazioni di questi modi di azione.*„

Le rappresentazioni si basano su sistemi semiotici, nei quali gioca un ruolo essenziale la convenzionalità. L'analisi storica mostra che il complesso degli

artefatti primari e secondari forma la base per lo sviluppo di un'altra classe di artefatti, gli *artefatti terziari,*

"*che vengono a costituire un 'mondo' relativamente autonomo, nel quale le regole, le convenzioni e i risultati non appaiono più direttamente pratici, o che, invero, sembrano costituire un'arena di attività non pratica o di gioco libero. Questo è particolarmente vero quando la relazione con la prassi produttiva o comunicativa diretta è così allentata, che le strutture formali della rappresentazione divengono esse stesse primarie e sono astratte dal loro uso nella prassi produttiva.*„

Esempi di artefatti terziari sono le teorie matematiche che organizzano i modelli matematici costruiti come artefatti secondari. Tali modelli sono potenzialmente espandibili fino a creare qualcosa di completamente nuovo, che mantiene solo deboli legami con l'attività pratica e rappresentativa. Appartengono a questi prodotti i significati e i processi matematici costruiti e i paradigmi scientifici ad essi collegati.

La relazione tra artefatti primari e artefatti secondari è studiata - se pure con termini un po' diversi - anche da Koyré (1967), che analizza, nel caso dell'ottica (occhiali, cannocchiali, telescopi, ecc.), il passaggio dalla produzione di *utensili* alla progettazione e produzione di *strumenti*:

"*Il fabbricante di occhiali non era in nessun modo un* ottico: *era solo un* artigiano. *Ed egli non faceva uno* strumento ottico: *faceva un* utensile. *Così egli fabbricava secondo le regole tradizionali del mestiere e non cercava altro. C'è una verità profonda nella tradizione - forse leggendaria - che attribuisce l'invenzione del primo cannocchiale al* caso, *al* giuoco *del figlioletto di un occhialaio olandese.*

Ora per l'uomo che se ne serviva, gli occhiali non erano, neppure in questo caso, uno strumento ottico. *Essi erano ugualmente un utensile: un utensile, ossia qualcosa che - come aveva scorto bene il pensiero antico - prolunga e rinforza l'azione delle nostre membra, dei nostri organi sensibili; qualcosa che appartiene al mondo del senso comune. E che non può mai farcelo superare. Questa invece è la funzione propria dello strumento, il quale non è un prolungamento dei sensi, ma nell'accezione più forte e più letterale del termine, incarnazione dello spirito, materializzazione del pensiero.*„

Si possono rileggere queste parole di Koyré associando l'idea di utensile a quella di artefatto primario e l'idea di strumento a quella di prodotto visibile di un artefatto secondario, già determinato dalle teorie costruite sulla pratica degli utensili.

4.2 Le macchine come utensili, strumenti, artefatti

Nei casi da noi esaminati, possiamo identificare gli artefatti primari con le macchine (le ricostruzioni), gli artefatti secondari con tutte le descrizioni sulla costruzione, sull'uso e sul funzionamento di essi. Gli artefatti terziari sono le teorie costruite intorno ai modelli matematici del loro funzionamento, la geometria organica da cui si è sviluppata poi la geometria algebrica e la geometria proiettiva, caratterizzate rispettivamente dagli stili di pensiero analitico e sintetico. Anche la sintesi di Felix Klein (1849-1925), che supera ed integra gli stili analitico e sintetico, è un caso di artefatto terziario.

Le argomentazioni di Koyré si possono applicare ugualmente al caso degli strumenti meccanici così come al caso dei prospettografi.

Sistemi articolati con 3 o 4 aste sono utilizzati fino dall'antichità (Galluzzi, 1991), ma le descrizioni fornite sono sempre approssimative, da realizzare per prove ed errori. Appartengono al mondo del 'pressappoco' (Koyré). Nel caso dei curvigrafi, il punto di svolta si ha quando sono le proprietà delle curve (già note ai geometri classici) a determinare in modo preciso (e quindi riproducibile) la forma, le connessioni e il funzionamento di strumenti tracciatori. Così, ad esempio, il parabolografo di Cavalieri (citato nel Capitolo 1) offre un modo per realizzare il sintomo dell'ortotome determinato secondo la teoria degli antichi. Il sistema di regoli che costituisce il compasso di Descartes (Capitolo 1 paragrafo 3) è un modo, rigorosamente teorico, per risolvere meccanicamente il problema della determinazione di n medi proporzionali, a partire dalle proprietà dei triangoli simili e contemporaneamente per tracciare curve di generi (e quindi di gradi) sempre più elevati.

Un discorso simile si può fare per i prospettografi, presenti inizialmente come utensili delle botteghe degli artigiani - pittori. Non va dimenticato che i pittori erano classificati a Firenze nel Quattrocento nella corporazione dei medici e speziali, come sottoposti all'arte, insieme agli imbianchini e ai macinatori di colori (Rossi, 1962). Lo sviluppo è dettato dal desiderio di ovviare ad inconvenienti pratici. La teoria della piramide visiva, presentata da Alberti, dà un senso nuovo a questi utensili, trasformandoli in strumenti che incorporano un modello matematico, che darà poi origine ad altri strumenti e testi. La resistenza dei pratici, degli artigiani a seguire questi discorsi è testimoniata dal brano (*De Pictura*, 1436):

"*Ma dirà qui alcuno: "Che giova al pittore cotanto investigare?" Estimi ogni pittore ivi sé essere ottimo maestro, ove bene intende le proporzioni e agiugnimenti delle superficie; qual cosa pochissimi conoscono, e domandando in su quella quale e' tingono superficie che cosa essi cercano di fare, diranti ogni altra cosa più a proposito di quello di che tu domandi. Adunque priego gli studiosi pittori non si vergognino d'udirci.*„

Il passaggio dalla pratica della prospettiva alla teoria della rappresentazione prospettica e poi alla teoria delle trasformazioni illustra la frattura tra il lavoro manuale e il lavoro intellettuale che caratterizza la rivoluzione culturale iniziata col Rinascimento.

Gli artefatti di cui ci siamo fin qui occupati hanno una caratteristica importante: la *polisemia*. Un artefatto (ad esempio uno strumento fisico), proprio per i diversi significati su di esso sedimentati dalla storia, può essere interpretato in molti modi diversi. Chi conosce lo sviluppo della geometria proiettiva non avrà difficoltà a riconoscere nel punto centrico di un quadro (o di un vetro di Dürer) la rappresentazione di un punto improprio. Potrà accadere piuttosto il contrario: l'esperto vedrà questo significato talmente naturale da ritenere che esso sia riconoscibile immediatamente da tutti e potrà avere difficoltà a separare le letture, a considerare il vetro nel suo aspetto di artefatto primario (Wartofsky) ovvero di utensile (Koyré). In presenza di più osservatori, con competenze diverse, l'esplorazione di un vetro di Dürer potrà far produrre *voci*[1] diverse. Analogamente la lettura di un testo moderno di geometria proiettiva potrà evocare l'esperienza del vetro per spiegare ad un interlocutore il significato di punto improprio. Esporremo nel Capitolo 5 paragrafo 2 le potenzialità didattiche della polisemia.

4.3 L'approccio strumentale di Rabardel

Nel 1995, Rabardel ha pubblicato un volume dedicato all'approccio cognitivo agli strumenti contemporanei, principalmente quelli legati alle nuove tecnologie. La diffusione delle tecnologie informatiche ha richiamato l'attenzione sulla delicatezza del rapporto strumento – utilizzatore, sia nella situazione lavorativa che nella situazione scolastica, nella quale l'istituzione è presente con un ruolo particolare e distintivo: quello di insegnare. Il libro di Rabardel si occupa principalmente della prima prospettiva, ma alcune indicazioni interessanti possono essere trasposte anche all'attività nell'istituzione scolastica.

L'autore parte dalla constatazione che nessun artefatto è dato in modo diretto all'utilizzatore; piuttosto l'utilizzatore compie un'elaborazione personale attraverso quelle che l'autore chiama attività di genesi strumentale. Queste sono il risultato di un doppio processo:

- Il processo di *strumentalizzazione*, diretto verso l'*artefatto*: selezione, raggruppamento, produzione e istituzione di funzioni, cambiamenti, attribuzione di proprietà, trasformazione dell'artefatto, della sua struttura, del suo funzionamento, ecc. fino alla produzione integrale dell'artefatto da parte del soggetto.

---

[1] Con il termine "voce" si intende, seguendo Michael Bachtin (1895-1975), una forma di discorso e di pensiero che rappresenta il punto di vista di un soggetto, il suo orizzonte concettuale, il suo intento e la sua visione del mondo (Bachtin M., 1968).

- Il processo di *strumentazione*, relativo al soggetto: emergenza ed evoluzione degli schemi di uso e di azione strumentale; loro costituzione, loro evoluzione per accomodamento, coordinazione e assimilazione reciproche, assimilazione del nuovo artefatto a schemi già costituiti, ecc.

I due processi possono essere ricostruiti sia nella genesi storica di una macchina sia nella genesi realizzata da uno studente che opera nella scuola di oggi in un laboratorio di macchine. La ricostruzione è proposta separatamente, anche se, come si vedrà, i due processi sono strettamente intrecciati.

Il termine *strumento* è da Rabardel riservato al sistema costituito dall'artefatto e dagli schemi costruiti dal soggetto, con un'accentuazione cognitiva, estranea all'analisi di Koyré.

Le macchine come artefatti: prospettografi

Si consideri il caso dei prospettografi. La breve ricostruzione fornita nel Capitolo 2 ha messo in evidenza il processo storico di strumentalizzazione.

Si ha, in certi casi, un *cambiamento di funzione*: il vetro di Dürer, usato per produrre (con la trasparenza) un disegno illusionistico, può occasionalmente essere usato per controllare se un disegno è stato prodotto in modo corretto, verificando la sovrapposizione dell'immagine e dell'oggetto.

In generale, si sono visti casi di *trasformazione dell'artefatto*:
- Per mantenere fisso il punto di vista, si aggiunge un oculare al prospettografo.
- Per aumentare la distanza tra il vetro e il pittore, il vetro è sostituito da una coppia griglia – foglio quadrettato.
- Per simulare un punto di vista in posizione inaccessibile, si introduce un occhiello a muro per cui passano fili tesi (che materializzano uno o più raggi visivi): è lo strumento di Keser che mantiene il disegno per trasparenza.

Trasformazioni più radicali sono introdotte nel passaggio allo sportello di Dürer, che, attraverso l'uso di una tavola che ruota e di due fili che segnano la posizione, rende la produzione di alcuni punti base del disegno di un liuto automatica e accessibile anche ai non esperti.

Negli altri prospettografi presentati nel Capitolo 2 continua questa opera di trasformazione, che non interviene di solito sul modello matematico (quello della piramide visiva), ma solo sulle modalità operative con cui trasferire l'intersecazione della piramide visiva sul supporto del disegno. Così nel prospettografo di Scheiner è un sistema articolato a trasportare l'immagine ingrandita sul foglio; nel prospettografo di Bettini – Grienberger è un sistema articolato a realizzare per traslazione del mirino i forellini su un foglio da spolvero. Nel prospettografo di Cigoli – Niceron è un sistema di fili e carrucole a trasportare in modo automatico i contorni degli oggetti osservati. La manualità è sempre più complessa; il riferimento al modello della piramide sempre più nascosto; in cambio l'uso può essere delegato ad aiutanti del pittore o del cartografo.

Le macchine come strumenti: prospettografi

Attraverso i testi che descrivono la pratica dell'uso dei prospettografi, si possono ricostruire gli schemi d'azione previsti dall'inventore o posti in opera dagli utilizzatori. Le "ricette" per la costruzione e per l'uso e alcune giustificazioni del funzionamento sono strettamente intrecciate negli antichi trattati di macchine. Si possono rileggere qui, a titolo esemplificativo, alcuni brani da diversi autori (vedi anche le citazioni di Filarete e Leonardo da Roccasecca, Ghione & Catastini, 2004), come Scheiner e Dürer, già riportati nei capitolo 1 e 2. In questi trattati, la descrizione verbale si accompagna a disegni che mostrano in modo dettagliato i modi di impugnare le varie parti della macchina, la presenza di un solo occhio di fronte all'oculare, ecc.

È anche interessante vedere come, ad esempio nell'opera di Barozzi - Danti (*Le due regole della Prospettiva Prattica...*), si introducono trasformazioni di artefatti già noti, suggeriti dagli schemi d'azione messi in opera. Così Danti introduce una diottra nello sportello di Dürer per ovviare ad un problema:

"*se bene con questo sportello di Alberto non si possono disegnare se non le cose picciole, che ci sono vicine; io non di meno ne ho fatto un altro con i traguardi, con il quale sarà possibile disegnare in Prospettiva ogni cosa per lontana che sia.*„

Lo stesso Danti illustra un miglioramento dello sportello dovuto all'Abate di Lerino, che consente di identificare il punto immagine con maggiore precisione. Tuttavia, permangono problemi d'uso, poiché

"*È difficile che la mano possa obbedire appunto a quello che l'intelletto le propone.*„

Le soluzioni che prevedono il ricorso a regoli graduati sono giudicate peggiori, poiché:

"*toccando il filo il regolo GL, non toccherà sempre le divisioni di esso precisamente, ma alle volte calcherà nello spazio tra una divisione e l'altra, e nel volere ritrovare il medesimo punto nell'altra parte del regolo LH, non si potrà ritrovare se non di pratica, né ci potremo assicurare della squisita giustezza, sì come avviene nella incrocicchiatura, che fanno i fili, ò li due regoli del terzo sportello.*„

Il ciclo d'insieme

Il trattato di Barozzi-Danti può illustrare il ciclo d'insieme della concezione di un artefatto, descritto da Rabardel:

"*La concezione dell'artefatto continua durante l'uso [...]. Le operazioni sviluppate dagli utilizzatori sono poi incorporate nell'artefatto nella generazione successiva.*„

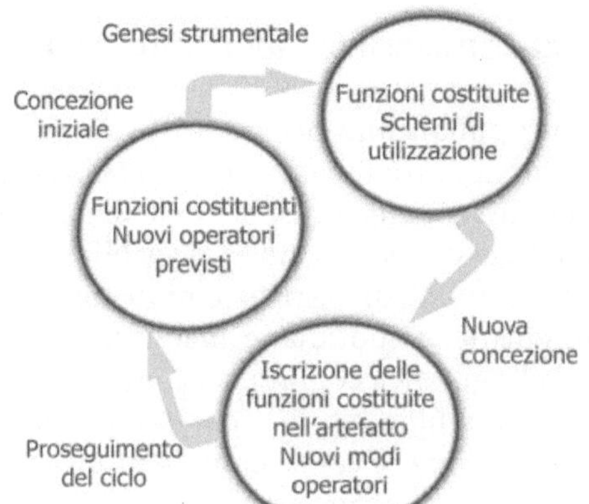

Figura 4.1 ciclo d'insieme dell'artefatto

Il ciclo di Rabardel ci consente di introdurre un elemento dinamico nella concezione di Wartofsky. Gli artefatti primari non sono fissati una volta per tutte, ma possono essere modificati nel tempo, incorporando funzioni e modi operatori costruiti dagli utilizzatori.

Anche il caso dei curvigrafi potrebbe essere esaminato con riferimento alla genesi strumentale di Rabardel.

I trattati del Seicento (ad es. van Schooten, Fig. 4.2) contengono disegni al tratto in cui è disegnata con cura la posizione delle mani. Questi disegni sottolineano il fatto, rilevato dall'antropologo Leroi-Gourham (1993), che "*una macchina è un oggetto che incorpora non solo uno strumento ma anche uno o più gesti*". Questa forte presenza del corpo nell'esplorazione delle macchine ci conduce alle ricerche recenti di linguistica cognitiva, che saranno illustrate nel prossimo paragrafo.

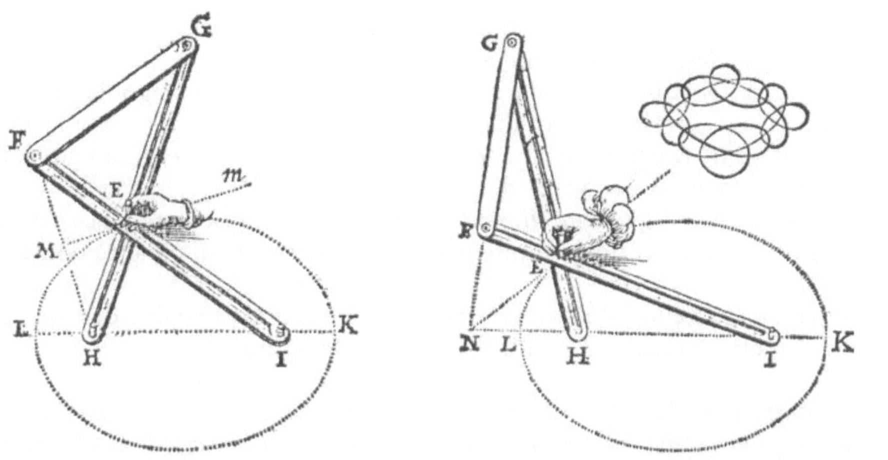

Figura 4.2 un ellissografo di van Schooten (1657)

4.4 Dalla conoscenza "embodied" alla conoscenza "empracticed"

Nel 2000 Lakoff e Núñez pubblicano negli Stati Uniti un volume destinato a suscitare scalpore e discussioni tra i matematici. Sulla base delle ricerche svolte nella linguistica cognitiva nella prospettiva della cosiddetta "embodied mind" (o "embodiment"), essi sostengono la possibilità di studiare in modo empirico la struttura concettuale di vasti sistemi di concetti astratti, attraverso le manifestazioni linguistiche quotidiane, inconsce e prodotte in modo non intenzionale. Secondo la linguistica cognitiva, i concetti sono sistematicamente organizzati per mezzo di ampie reti di *mappe concettuali*, che appaiono in sistemi coordinati di alto livello e si combinano in modi complessi. Nella maggior parte dei casi queste mappe concettuali sono usate in modo incoscio e senza sforzo nella comunicazione quotidiana. Un tipo importante di mappa concettuale è quella che viene chiamata *metafora concettuale.* Le metafore concettuali non sono semplici figure linguistiche o strumenti pedagogici, ma sono meccanismi cognitivi fondamentali, che mappano un primo dominio (il dominio sorgente) in un secondo dominio (il dominio obiettivo), conservando tutte le inferenze del primo.

Il classico esempio di metafora concettuale è costituito dalla mappa che va dal dominio sorgente *spazio* al dominio obiettivo *tempo.* È parte dell'esperienza quotidiana usare termini spaziali per denotare relazioni temporali:

Dietro – passato
Davanti – futuro
Qui – presente.

Questa metafora (come tutte le mappe concettuali) è estremamente precisa, prodotta senza sforzo e in modo inconscio, e fortemente incardinata nel corpo (cioè accompagnata da una gestualità molto forte).

Lakoff e Núñez introducono una distinzione tra diversi tipi di metafore concettuali, relative ai concetti matematici:

- *Metafore fondanti (grounding metaphors),* che fondano i significati matematici sull'esperienza quotidiana.
- *Metafore di ridefinizione (redefinitional metaphors),* che impongono un significato tecnico a locuzioni quotidiane.
- *Metafore di collegamento (linking metaphors),* che consentono di costruire i significati in un certo dominio matematico per mezzo di un altro dominio.

Ecco come Arzarello e Robutti (2002) interpretano le potenzialità dell'approccio di Lakoff e Núñez per la didattica della matematica:

"*Gli studi sull'embodiment danno conto di quali concetti e meccanismi quotidiani appunto sono usati nella concettualizzazione inconscia delle idee tecniche della matematica in modo da produrre e supportare le strutture inferenziali precise che si trovano nella matematica stessa (...). Le metafore concettuali sono appunto una delle manifestazioni indagate per dar conto di questo lavoro di concettualizzazione. Si osserva che tali metafore hanno sempre alcune proprietà che le contraddistinguono come fenomeni cognitivi:*

- *sono irriducibili alla lettera di quanto dicono;*
- *sono molto precise nella mappatura;*
- *sono fondate nel nostro corpo (sincronismo perfetto linguaggio – gesti);*
- *non sono apprese tramite insegnamento o addestramento esplicito;*
- *sono usate estesamente, inconsciamente e senza sforzo.*„

Nel libro (Lakoff e Núñez, 2000) e in altri lavori collegati, Lakoff e Núñez discutono parecchi esempi, basandosi prevalentemente su fonti storiche. In particolare, per trattare il caso dell'infinito attuale, essi introducono la cosiddetta *metafora base dell'infinito* che mappa un dominio sorgente caratterizzato da processi iterativi ordinari con un numero qualsiasi (purché finito) di iterazioni in un dominio obiettivo che contiene processi senza limite, cioè quei processi che i linguisti chiamano *imperfettivi.* Essi ipotizzano che l'idea di infinito attuale in matematica sia metaforica, che i vari casi di infinito attuale fanno uso dell'ultimo risultato metaforico di un processo senza fine. L'effetto della metafora base dell'infinito è quello di aggiungere un completamento metaforico al processo in modo che esso sia concepito come avente un risultato – un *oggetto* infinito.

La parte del libro dedicata alla metafora dell'infinito è stata oggetto di critiche e discussioni da parte di matematici (vedi ad esempio Gold[2] e Lolli[3]). In questa sede ci limitiamo a citare la critica avanzata da Radford (2003) che sottolinea come non è sempre possibile ed opportuno ridurre tutti i processi matematici ad una origine di tipo biologico, basata su esperienze di tipo quotidiano. Spesso il pur forte radicamento nell'attività corporea è

"*il risultato di pratiche socialmente costituite e mediate semioticamente dal linguaggio e da altri prodotti culturali e storici. Piuttosto che l'origine il corpo è una superficie di iscrizione di eventi storici segnata dal linguaggio. Da questo punto di vista, piuttosto che di esperienza 'embodied', parlerei piuttosto di esperienza 'empracticed'.*„

In particolare il tentativo di ridurre in modo diretto tutti i casi di infinito matematico ad un'unica metafora concettuale sembra eccessivo (vedi Arzarello, Bartolini Bussi & Robutti, 2004). Proprio il caso dell'infinito attuale della geometria proiettiva, può essere analizzato, sulla scorta dei testi di Desargues, in modo diverso da quello fornito da Lakoff e Núñez.

---

[2] http://www.maa.org/reviews/wheremath.html
[3] http://www2.dm.unito.it/paginepersonali/lolli/articoli/laknun.pdf

Il caso del Brouillon Project

I testi di Desargues che sono stati presentati nel Capitolo 2 suggeriscono un'ipotesi interessante dal punto di vista linguistico: è il "solo e medesimo discorso" che consente di trovare e di tenere sotto controllo i casi in cui alcuni degli oggetti considerati sono a distanza infinita, lasciandosi guidare, metaforicamente, da ciò che avviene al finito. Non si tratta, però, del completamento di un processo iterativo, come sostengono Lakoff e Núñez, ma, piuttosto, come abbiamo già sostenuto nel Capitolo 3, di una "forzatura" del linguaggio che applica - inizialmente con sforzo e senza comprendere completamente - gli stessi enunciati ai casi finito (conosciuto) e infinito (non ancora conosciuto e perfino "oltre la nostra comprensione"). Nel seguito sono proposti alcuni brani iniziali in parallelo, per mettere in evidenza la perfetta corrispondenza formale tra il testo relativo al caso finito e quello relativo al caso infinito.

"*In questo lavoro si considera ogni linea retta, se necessario, allungata all'infinito da una parte e dall'altra. Tale prolungamento all'infinito da una parte e dall'altra è qui rappresentato da una fila di punti allineati sulla retta da una parte e dall'altra.*

[...]

Fascio[4] di linee rette. *Per dare a intendere su diverse linee rette che sono tra loro o parallele o convergenti in uno stesso punto. Si dice qui che tutte queste rette appartengono ad un medesimo fascio; in tal modo si penserà che tutte queste rette, in un caso come nell'altro, tendono tutte a uno stesso punto.*

Meta[5] di un fascio di rette. *Il luogo a cui si pensa che tendano così diverse rette, in un caso come nell'altro, è chiamato qui Meta del fascio di rette.*

Per dare a intendere il tipo di situazione tra diverse rette in cui esse sono tutte convergenti in uno stesso punto, si dice qui che tutte queste rette appartengono ad un medesimo fascio, la cui meta è in ciascuna di esse a distanza finita.

Per dare a intendere il tipo di situazione tra diverse rette in cui esse sono tutte parallele tra loro, si dice qui che tutte queste rette appartengono ad un medesimo fascio, la cui meta è in ciascuna di esse a distanza infinita, da una parte e dall'altra.

---

[4] Poudra (1864).

[5] Per il termine "but" (= bersaglio, meta, obiettivo) usato da Desargues abbiamo qui scelto la traduzione "meta".

Così due rette qualsiasi nello stesso piano, appartengono ad un medesimo fascio, la cui meta è a distanza finita o infinita.

In questo lavoro ogni piano è inteso ugualmente esteso all'infinito in ogni direzione.

Una simile estensione di un piano all'infinito in ogni direzione è qui rappresentata da un numero di punti disposti attorno a tale piano.

Fascio di piani. *Per dare a intendere su diversi piani, che sono tutti tra loro o paralleli o incidenti in una stessa retta, si dice qui che tutti questi piani appartengono ad un medesimo fascio; in tal modo si penserà che tutti questi piani, in un caso come nell'altro, tendono tutti ad uno stesso luogo.*

Meta di un fascio di piani. – *Il luogo a cui si concepisce che tendano così diversi piani in un caso come nell'altro, è chiamato qui Asse del fascio.*

Per dare a intendere il tipo di situazione tra diversi piani in cui sono tutti incidenti in una stessa retta, si dice qui che tutti questi piani appartengono ad un medesimo fascio in cui l'asse è in ciascuno di essi a distanza finita.

Per dare a intendere il tipo di situazione tra diversi piani in cui sono tutti paralleli tra loro, si dice qui che tutti questi piani appartengono ad un medesimo fascio, il cui asse è in ciascuno di essi a distanza infinita in ogni direzione.

Immaginando che una linea retta, avente un punto fisso, si muova in tutta la sua lunghezza, si vede che nelle varie posizioni che essa assume in questo movimento, dà, o rappresenta, come si vuole, diverse rette appartenenti ad un medesimo fascio, la cui meta è il suo punto fisso.

Quando il punto fisso di questa retta è a distanza finita, e essa si muove in un piano, si vede che nelle diverse posizioni che essa assume in questo movimento, dà, o rappresenta diverse rette appartenenti ad un medesimo fascio, la cui meta (il suo punto fisso) è in ciascuna di esse a distanza finita e che ogni altro punto a parte il punto fisso di questa retta traccia una semplice linea uniforme e che ciascuna delle due parti ha la medesima conformazione [...], cioè curvate in piena rotondità, altrimenti detto il cerchio.

Quando il punto fisso di questa retta è a distanza infinita, e essa si muove in un piano, si vede che nelle diverse posizioni che essa assume in questo movimento, dà, o rappresenta diverse rette appartenenti ad un medesimo fascio, la cui meta (il suo punto fisso) è in ciascuna di esse a distanza infinita e che ogni altro punto a parte il punto fisso di questa retta traccia una semplice linea uniforme e che ciascuna delle due parti ha la medesima conformazione [...], cioè una linea retta e perpendicolare a quella che si muove.

In conclusione seguendo questa idea si vede una specie di rapporto tra le linea retta infinita e la linea curva di curvatura uniforme, cioè il rapporto tra la linea retta infinita con la circolare, in modo tale che esse sembrino essere come due specie dello stesso genere, di cui si può enunciare il tracciamento con le stesse parole.„

Sarebbe difficile vedere questo momento fondante della geometria proiettiva come il risultato di un processo di natura "embodied" nel senso di Lakoff e Núñez, mentre il riferimento alla pratica della prospettiva (del resto ben noto a Desargues come abbiamo visto nel Capitolo 2 paragrafo 6) suggerisce piuttosto un processo di natura "empracticed" nel senso di Radford.

La corrispondenza formale tra il caso dei punti a distanza finita e i punti a distanza infinita apre la via ad un'idea tipica della geometria proiettiva: nel piano proiettivo non ci sono differenze concettuali tra i punti propri (a distanza finita) e impropri (a distanza infinita), tra i fasci propri e impropri. Nel piano proiettivo si parlerà in generale di punti, di fasci, ecc. e solo la scelta di una retta qualsiasi (che sarà chiamata *retta impropria*) renderà possibile identificare i punti impropri (quelli appartenenti alla retta impropria), i fasci impropri (quelli costituiti da rette parallele, cioè aventi sostegno in un punto improprio). La possibilità di trasformare un punto proprio in un punto improprio (e viceversa) attraverso operazioni di proiezione e sezione ha la sua genesi proprio nella rappresentazione come rette incidenti sul piano del quadro di rette parallele giacenti sul piano di base, dunque, in ultima analisi, nell'uso delle macchine matematiche per la realizzazione di disegni prospettici.

5
Alcuni contributi dalla ricerca didattica

Nel capitolo precedente siamo passati dalle analisi storico - epistemologiche di Wartofsky e Koyré, all'approccio cognitivo - strumentale di Rabardel e all'approccio linguistico - cognitivo di Lakoff e Núñez reinterpretato da Radford. Anche se quasi tutti gli autori citati non sono stati guidati da considerazioni di natura educativa, alcune delle loro elaborazioni possono essere applicate alla pianificazione e all'analisi di attività didattiche.

In questo capitolo, saranno illustrati brevemente alcuni strumenti offerti dalle scienze dell'educazione in senso lato e dalla didattica della matematica in particolare. Si tratta prevalentemente di costrutti teorici originati dall'elaborazione dell'approccio vygotskiano.

Lev Semyonovich Vygotskij (1896-1934) opera nei primi decenni del Novecento e muore nel 1934 all'età di 38 anni. Il riferimento all'opera di Vygotskij è obbligato per chi opera nel settore educativo con attenzione al ruolo dell'interazione sociale e della mediazione culturale dell'insegnante nell'acquisizione di conoscenza. Oltre alle elaborazioni generali che saranno qui brevemente riassunte, ci interessa l'attenzione che Vygotskij dedica alla funzione degli strumenti tecnici e psicologici, trasmessi socio-culturalmente, il cui ruolo è cruciale nei processi di sviluppo.

5.1 La mediazione semiotica secondo Vygotskij

Il quadro vygotskiano è caratterizzato da tre costrutti fondamentali:
- La zona di sviluppo prossimale.
- La internalizzazione o interiorizzazione.
- La mediazione semiotica.

La *zona di sviluppo prossimale* è una zona metaforica dove si svolge un'attività di problem solving in collaborazione tra un soggetto (allievo) e un adulto (insegnante) o un pari più competente. Attraverso l'aiuto offerto il soggetto è in grado di risolvere problemi che non sarebbe in grado di risolvere da solo.

L'aiuto può essere fornito in modi diversi, durante un'attività svolta insieme, agendo e parlando, con l'introduzione di uno strumento (es. riga, compasso, curvigrafo, prospettografo), con l'introduzione di un sistema di segni (gesti, linguaggio verbale, linguaggio scritto, sistemi di rappresentazione convenzionali), ecc.. Gli strumenti o i sistemi di segni hanno alcune caratteristiche fondamentali (Vygotskij, 1974):
- Sono il prodotto raffinato di un'attività sociale della specie umana (vedi il processo di strumentalizzazione descritto da Rabardel, Capitolo 4 paragrafo 3).

- Non si limitano ad agire sul mondo esterno ma inducono trasformazioni all'interno del soggetto che li utilizza (vedi il processo di strumentazione descritto da Rabardel, Capitolo 4 paragrafo 3).
- Incorporano (in modo spesso opaco) elementi importanti del sapere (nei casi che a noi interessano, è il sapere matematico).

L'ultima delle caratteristiche sopra citate, che integra le precedenti, è quella che entra in gioco nel processo di *mediazione semiotica*. In un problema (ad esempio la trisezione dell'angolo o la rappresentazione di un solido in prospettiva) l'adulto può "trascinare" (il termine, come vedremo, è vygotskiano) uno strumento (un compasso di Nicomede; un vetro di Dürer) e inibire in questo modo una risposta basata su conoscenze o automatismi precedenti. La presenza di questo strumento crea una situazione nuova, tanto più ricca quanto più profonda e accurata è l'esplorazione dello strumento e del sapere in esso incorporato. Vale la pena di riportare qui una citazione estesa da Vygotskij (1987):

"*Ogni forma elementare di comportamento presuppone una reazione diretta al compito posto al soggetto (che può essere espresso con la semplice formula S – R, stimolo – risposta). Ma la struttura delle operazioni con i segni richiede un legame intermedio tra lo stimolo e la risposta. Questo legame intermedio è uno stimolo del secondo ordine (un segno) che è trascinato nell'operazione dove assume una funzione speciale: crea una nuova relazione tra S e R. Il termine 'trascinato' indica che un individuo deve essere impegnato attivamente nello stabilire un tale legame. Il segno inoltre possiede la caratteristica importante dell'azione inversa (cioè, esso opera sull'individuo, non sull'ambiente). Di conseguenza, il processo semplice di stimolo – risposta è sostituito da un atto complesso, mediato, che rappresentiamo nel modo seguente:*

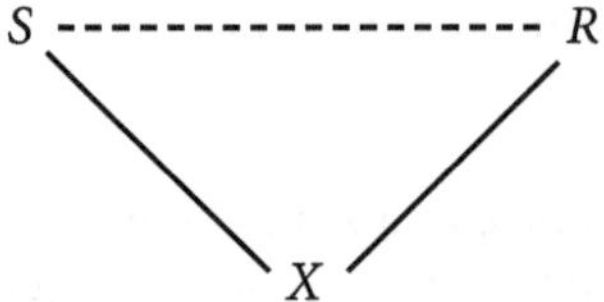

In questo nuovo processo l'impulso diretto a reagire è inibito, ed è incorporato uno stimolo ausiliario che facilita il compimento dell'operazione con mezzi indiretti.

Studi attenti mostrano che questo tipo di organizzazione è fondamentale per tutti i processi psichici superiori, anche se in forme più sofisticate di quelle mostrate qui. [...] Poiché questo stimolo ausiliario possiede la funzione specifica dell'azione inversa, esso trasferisce le operazioni psicologiche a forme superiori e qualitativamente nuove e consente agli esseri umani di controllare il loro comportamento dal di fuori, *per mezzo di stimoli esterni. L'uso dei segni porta gli esseri umani a una struttura specifica di comportamento che si stacca dallo sviluppo biologico e crea forme nuove di processi psichici culturalmente fondati.„*

L'attività svolta insieme dall'insegnante e dall'allievo porta l'allievo ad *imitare* l'azione dell'adulto. Tuttavia questa imitazione di azioni complesse richiede una certa comprensione dell'azione dell'altro, favorita dall'intenso scambio verbale che la accompagna.

Rispetto all'approccio cognitivo di Rabardel (che pure si richiama a Vygotskij, ma in una prospettiva di psicologia del lavoro), l'approccio vygotskiano introduce un nuovo elemento, non contrastante ma complementare. Un artefatto – strumento può, nell'interazione sociale a scuola, assumere anche un'altra funzione, collegata con l'intenzione di insegnare: esso può mediare significati relativi ai saperi che vi sono incorporati. Va rilevato che il processo è complesso, poiché, come ha mostrato la ricerca in didattica della matematica,

"*un artefatto culturale diviene efficace e trasparente, attraverso il suo utilizzo nel contesto di tipi specifici di interazioni sociali e in relazione alle trasformazioni che esso subisce nelle mani di chi lo usa.„* (Meira, 1995)

In altre parole, le potenzialità dello strumento non coincidono con le proprietà intrinseche del materiale, ma dipendono dall'interazione realizzata in classe, sotto la guida dell'insegnante, per mezzo di particolari consegne e all'interno di pratiche sociali. Il ruolo dell'insegnante diventa essenziale nel definire la direzione del processo di esplorazione.

L'*internalizzazione* (o *interiorizzazione*) è il meccanismo essenziale attraverso il quale un processo di interazione esterno (interpsicologico) diviene interno (intrapsicologico), con una trasformazione importante della struttura. Un'azione esterna compiuta con l'aiuto di un adulto, quando è trasferita all'interno, non solo può essere evocata (o "trascinata" nella soluzione di un problema) attivamente dall'allievo da solo, ma può essere gestita dall'allievo con maggiore libertà; si possono evocare oggetti non presenti nel campo visivo, trasformarli, duplicarli un numero qualsiasi di volte, modificarne le dimensioni, inserirli in esperimenti "impossibili". Il linguaggio naturale e il linguaggio scientifico (che si apprende nel corso dell'interazione con l'adulto) aiutano e sostengono questo processo.

Il sapere incorporato nello strumento, attraverso lo stimolo fornito dall'adulto, può emergere, essere esplicitato attraverso il linguaggio, la gestualità, diverse forme di rappresentazione, per essere poi internalizzato dall'allievo.

Molti autori hanno elaborato applicazioni dell'approccio vygotskiano alla didattica della matematica. Ci limiteremo in questo capitolo alla descrizione di alcuni contributi, che hanno dato origine a costrutti teorici utili nella progettazione e nell'analisi di attività didattiche.

5.2 La discussione matematica

Il termine *discussione matematica* è stato introdotto formalmente nella ricerca didattica da Pirie e Schwarzenberger (1988), come

"*discorso mirato su un argomento di matematica in cui ci sono contributi originali degli allievi ed interazione.*„

Discussioni di questo tipo sono raramente osservabili nelle classi normali. Le osservazioni compiute (non solo per la matematica) mostrano la predominanza di discorsi con lo schema seguente (noto come IRF, vedi Edwards & Mercer, 1987):

"*[1] Avvio (Initiation), dell'insegnante.*
[2] Risposta (Response), dell'allievo.
[3] Commento valutativo (Feedback), dell'insegnante.„

Anche quando l'insegnante è intenzionato ad avviare una discussione, spesso ha il sopravvento il desiderio di incanalare rapidamente la discussione verso l'oggetto matematico (concetto o procedimento), con un effetto "imbuto" che lascia poco spazio alla partecipazione degli studenti.

Nonostante ciò, la vita di una classe scorre di solito in modo abbastanza tranquillo: tutto si basa sull'accettazione implicita di alcune regole di interazione, che sono state riassunte così da Edwards e Mercer (1987):

"*[1] Solo l'insegnante fa domande.*
[2] L'insegnante conosce tutte le risposte.
[3] Domanda ripetuta equivale a risposta sbagliata.„

Queste regole sono molto diverse da quelle della vita comune. La definizione di Pirie e Schwarzenberger vuole esplicitamente richiamarsi ad una diversa cultura di classe in cui lo studente è coinvolto come protagonista nel processo di insegnamento - apprendimento. In questo approccio (che qui è preso come rappresentativo di molta letteratura di impronta costruttivista) poca o nessuna enfasi è posta sul ruolo dell'insegnante. C'è molta insistenza, piuttosto, sui processi di negoziazione e sui meccanismi di conflitti socio-cognitivi tra pari.

Nella tradizione vygotskiana si assume invece una prospettiva diversa, attribuendo all'insegnante il ruolo di guida esperta, verso l'appropriazione degli oggetti del sapere messi a punto dall'umanità nel corso di secoli, sotto la spinta di pressioni di tipo sociale ideologico, filosofico, economico, estetico, ecc.

Proprio il caso delle macchine, di cui si occupa questo libro, è emblematico. Chi, se non l'insegnante, può organizzare un percorso di appropriazione dei significati e dei processi incorporati negli artefatti - strumenti? Chi, se non l'insegnante, può fornire agli studenti gli artefatti (oggetti fisici, testi) e alcune chiavi di interpretazione del loro uso?

Questa guida esperta può, tra l'altro:
- Organizzare l'ambiente (il laboratorio).
- Pianificare le attività di esplorazione (individuale, di piccolo gruppo, di classe).
- Orientare i risultati dell'attività di esplorazione verso una formulazione coerente con la sistemazione della matematica.

In questa complessa attività le fasi collettive che riguardano l'intero gruppo classe sono significative, perché costituiscono la memoria collettiva del gruppo. Una modalità importante è costituita dalla *discussione matematica orchestrata dall'insegnante* (Bartolini Bussi & al., 2004, 2005), intesa come

"*una polifonia di voci articolate su un oggetto matematico (significato, problema, processo, ecc.) che costituisce un motivo dell'attività di insegnamento apprendimento.*„

Il termine *motivo* è qui usato nel senso di Alexei Leont'ev (1904-1979) per indicare l'oggetto globale dell'attività collettiva che si distende nel lungo termine (Leont'ev, 1977); esso non coincide necessariamente con gli obiettivi specifici ed espliciti delle singole azioni che la compongono, anche se è con essi coerente.

Ad esempio, l'esplorazione di un curvigrafo può avere come obiettivo specifico quello di costruire l'equazione del luogo tracciato in un opportuno sistema di coordinate, coerente con il senso dell'analisi cartesiana (motivo), che avvia l'identificazione dell'insieme delle curve algebriche con l'insieme delle curve tracciabili meccanicamente con opportuni strumenti. L'esplorazione di un prospettografo può avere come obiettivo specifico quello di produrre o interpretare le regole del disegno prospettico, coerente con il senso della fondazione desarguesiana della geometria proiettiva.

Il termine *voce* (vedi anche Capitolo 4) è qui usato nel senso di Bachtin (1968) per intendere una forma di discorso e di pensiero che rappresenta il punto di vista di un soggetto, il suo orizzonte concettuale, il suo intento e la sua visione del mondo. Una voce ha quindi una componente interna (pensiero) ed una componente esterna (discorso, espresso attraverso diversi sistemi semiotici, come il linguaggio verbale, il linguaggio grafico, il linguaggio gestuale, il linguaggio simbolico ecc.), che rende possibile la comunicazione, l'interpretazione e tutte quelle forme di controllo che passano attraverso le rappresentazioni esterne.

Anche in questo caso, il termine ha una significativa interpretazione nel campo di esperienza delle macchine matematiche. L'esplorazione di una macchina può far emergere voci diverse, ad esempio:
- La voce dell'utente (che esplicita, con diversi sistemi semiotici, gli schemi d'uso).
- La voce del costruttore (che esplicita i materiali, le forme, le connessioni, ecc.).

- La voce del teorico (che giustifica il funzionamento).
- La voce del geometra (che collega i modelli di funzionamento alla geometria).
- La voce del filosofo (che collega la geometria intrinseca dell'attività con la macchina a uno stile di pensiero).

La prima voce rappresenta il livello degli artefatti primari (Capitolo 4 paragrafo 2); la seconda fornisce la transizione verso gli artefatti secondari, realizzati nella terza; la quarta fornisce la transizione verso gli artefatti terziari.

Le due classi di macchine presentate in questo libro offrono anche nella storia molti esempi di voci diverse, a volte pronunciate dallo stesso autore.

Entra in gioco qui la *polisemia* intrinseca nell'artefatto, che può essere guardato da prospettive diverse. Gli aspetti pratici, rappresentativi e teorici sono almeno potenzialmente incorporati nell'attività con un artefatto. A volte nello stesso testo, nella stessa frase, sono presenti voci diverse. Ecco come Alberti nel *De Pictura* (Catastini e Ghione, 2004) descrive il funzionamento del velo:

"*Egli è uno velo sottilissimo, tessuto raro, tinto di quale a te più piace colore, distinto con fili più grossi in quanti a te piace paraleli, qual velo pongo tra l'occhio e la cosa veduta, tale che la piramide visiva penetra per la rarità del velo.*„ (Alberti, 1436)

"*E così resta manifesto che ogni intersecazione della piramide visiva, qual sia alla veduta superficie equidistante, sarà a quella guardata superficie proporzionale.*„ (Alberti, 1436)

Tutto questo ha conseguenze evidenti per la didattica: la presenza di un artefatto in una classe (in un laboratorio) non determina automaticamente il modo in cui è usato e concepito dagli studenti, ma può richiamare, attraverso l'uso e rispetto agli scopi di una certa attività, un sapere significativo dal punto di vista educativo. I sistemi semiotici implicati o "trascinati" nell'attività (gesti, linguaggi, rappresentazioni, ecc.) danno forma a un potenziale processo di mediazione semiotica, che si basa inizialmente sull'articolazione tra un artefatto primario ed uno secondario. Tale articolazione è possibile per il rapporto dialogico esistente tra i due, poiché ognuna delle componenti del sistema può evocare le altre e dialogare con esse.

In questo senso, la polisemia degli artefatti culturali fa sì che essi divengano buoni candidati per stimolare e sostenere discussioni matematiche in classe, orchestrate dall'insegnante. L'insegnante, introducendo un artefatto primario in una discussione matematica, per interpretarne la funzione o per risolvere uno specifico problema, ne sfrutta la polisemia potenziale creando nuove situazioni problematiche e concedendo tempo per l'articolarsi delle voci, ovvero per rendere accessibili i nuovi significati che sono obiettivo didattico dell'attività. Si creano in questo modo le condizioni per l'appropriazione o la costruzione di artefatti terziari, storicamente legati nella prassi con gli artefatti primari e secondari. L'appropriazione degli artefatti terziari può essere descritta dal punto di vista del soggetto come la costruzione dei significati matematici e degli stili di ragionamento.

Poiché le macchine sono artefatti prodotti nel corso della storia, nei casi da noi analizzati, esse consentono la ricostruzione delle radici di molti significati, rispondendo alla critica rivolta da Andrey Kolmogorov (1903-1987) a certi modi di insegnare o di teorizzare l'insegnamento, dimentichi della genesi storica delle idee (Kolmogorov, 1960):

"*Separare i concetti matematici dalle loro origini nell'insegnamento porta a un corso con una completa assenza di principi e a una logica difettosa.*„

È importante sottolineare che questo processo dialettico può essere avviato in tutti i gradi scolastici - come mostreremo nei capitoli successivi - rompendo così due stereotipi, secondo i quali:

- L'attività con artefatti concreti è utile, necessaria e proponibile solo con allievi della scuola elementare.
- La riflessione sui modelli matematici e sugli stili di pensiero è alla portata solo di allievi della scuola secondaria superiore.

Gli aspetti importanti propri della discussione matematica orchestrata dall'insegnante sono i seguenti:

- Esiste un tema che ne definisce l'obiettivo, il "motivo".
- Esiste un riferimento esplicito all'attività di insegnamento – apprendimento (processo di lungo termine).
- Esiste l'interazione tra voci (polifonia).
- Si richiede la presenza di voci diverse tra cui, essenziale, quella dell'insegnante.
- Si valorizza la presenza di voci imitanti (diversi tipi di imitazione nel contrappunto).
- Si prescinde dall'esistenza fisica di una comunità di parlanti (si può, cioè, "discutere" con un interlocutore non fisicamente presente, ma rappresentato da un testo scritto) (per approfondimenti, Bartolini Bussi e coll., 2004, 2005).

Alcuni esempi di esperimenti con discussioni saranno presentati nei capitoli successivi.

5.3 Il nodo semiotico

Radford ha da anni avviato un'importante ricerca sulla semiotica nella didattica della matematica, partendo dall'assunto, coerente con l'approccio vygotskiano, che i sistemi di segni (in particolare i gesti e il linguaggio) sono non semplici ausili ma gli elementi fondanti all'origine della conoscenza. Radford parte dall'analisi del discorso degli studenti impegnati in attività matematica. Tale analisi mette in luce fin dall'inizio che il significato sembra essere costruito a partire da azioni, mentali o concrete, che essi hanno effettivamente compiuto operando sul materiale di supporto (nei casi considerati da Radford sono spesso schemi grafici – patterns – ma in un caso anche strumenti). Così le espressioni simboliche usate inizialmente dagli studenti portano traccia delle azioni spazio-temporali compiute in precedenza.

Tuttavia, l'uso efficace del simbolismo, in particolare del simbolismo algebrico, richiede un distacco dalle dimensioni spazio-temporali, con processi di allontanamento ed espansione, che portano a considerare le espressioni algebriche come espressioni formali, che travalicano i particolari contesti in cui sono state generate. Anche se questo processo di decontestualizzazione è necessario, esso non deve eliminare il processo di esplorazione all'interno del contesto.

È al di fuori degli obiettivi di questo libro esaminare nel dettaglio i risultati di Radford, relativi all'analisi dei modi con cui si realizza questo processo di decontestualizzazione. Ci limitiamo quindi a segnalare un costrutto teorico particolarmente utile nell'analisi semiotica dell'attività, messo in luce da Radford nello studio di attività di piccolo gruppo su un artefatto complesso, costituito da un piano inclinato e da un sensore di moto collegato ad una calcolatrice (TI 83+), in grado di produrre direttamente il grafico spazio-temporale della legge di moto.

Un nodo semiotico (Radford, 2003) è

"... *il coordinamento di diversi sistemi semiotici che danno fondamento a un processo di costruzione di significati e di oggettificazione della conoscenza.*„

L'esempio portato da Radford riguarda l'interpretazione di un grafico spazio-temporale. Se si confronta l'esperienza degli studenti di oggi con quella degli scienziati del passato, per il moto su un piano inclinato è spontaneo considerare il caso di Galileo. Ecco come Galileo (Giusti, 1990a) stesso lo descrive nei *Discorsi e dimostrazioni matematiche intorno a due nuove scienze, Giornata terza* (1638):

"*In un regolo, o voglian dir corrente, di legno, lungo circa 12 braccia, e largo per un verso mezo braccio e per l'altro tre dita, si era in questa minor larghezza incavato un canaletto, poco più largo d'un dito; tiratolo drittissimo, e, per haverlo ben pulito e liscio, incollatovi dentro una carta pecora zannata e lustrata al possibile, si faceva in esso scendere una palla di bronzo durissimo, ben rotondata e pulita; costituto che si era il regolo pendente, elevando sopra il piano orizontale una delle estremità* [del regolo] *un braccio o due ad arbitrio, si lasciava [...] scendere per il detto canale la palla, notando, [...], il tempo che consumava nello scorrerlo tutto, replicando il medesimo atto molte volte per assicurarsi bene della quantità del tempo, [...]. Fatta e stabilita precisamente tale operazione, facemmo scender la medesima palla solamente per la quarta parte della lunghezza di esso canale; e misurato il tempo della sua scesa, si trovava sempre puntualissimamente esser la metà dell'altro [...].* „

Ripetendo la misura per distanze diverse, Galileo deduce che lo spazio percorso è sempre proporzionale al quadrato del tempo impiegato a percorrerlo. In altri termini, se i tempi sono rappresentati da 1, 2, 3, 4, 5... gli spazi percorsi sono rispettivamente rappresentati da 1, 4, 9, 16, 25...

Il confronto eseguito da Galileo è sempre tra grandezze della stessa specie: i tempi sono confrontati con tempi, le lunghezze con lunghezze, ecc. Il confronto dei tempi è difficile, poiché la variabile tempo non può essere "vista". Esso si basa quindi sull'utilizzo di una proporzione:

$$A_1 : A_2 = T_1 : T_2$$

che riporta il confronto dei tempi al confronto delle quantità di liquido discese in una clessidra ad acqua.

Se si confronta l'attività di Galileo con quella degli studenti di oggi vediamo che:

Galileo	Studente
Azione con un artefatto semplice "trasparente"	Azione con un artefatto complesso "opaco"
Azione lenta e faticosa non sempre precisa	Azione veloce e immediata precisa
Alla portata di uno scienziato maturo	Alla portata di uno studente anche giovane

Lo strumento di oggi (un sensore di moto collegato ad una calcolatrice) è depositario di un sapere, che incorpora una conoscenza storicamente e socialmente determinata: per questo esso è in grado di produrre direttamente il grafico spazio - temporale della legge di moto.

Lo studente vede direttamente il grafico che collega la variabile spazio alla variabile tempo senza ripercorrere il lungo e faticoso processo di esplorazione di Galileo, che in qualche modo costituiva un processo lento, ma continuo, tra l'esperienza e la rappresentazione. Per costruire oggi il senso del grafico, è necessario riempire le lacune tra esperienze e rappresentazioni. In altre parole, per gli studenti di oggi, è necessario ricostruire il complesso sistema di segni, di gesti, di linguaggio che sta a fondamento del significato.

Il costrutto teorico introdotto da Radford può essere utilizzato anche per reinterpretare processi già studiati da altri autori, riguardanti la costruzione di significati a partire da attività su artefatti concreti, anche non dotati di nuove tecnologie, quindi più vicini a quelli utilizzati dagli scienziati del passato.

Un primo esempio riguarda una ricerca sugli ingranaggi (Bartolini Bussi e coll., 2004), nella quale si studia in modo dettagliato, in parecchie classi di scuola elementare e media, il processo di costruzione di un segno (il segno "freccia" per indicare il verso del movimento) e della sua sintassi attraverso il coordinamento di diversi sistemi semiotici (il gesto, il disegno, il linguaggio verbale) che danno fondamento al processo di costruzione di significati e di oggettificazione della conoscenza. Nello stesso esperimento sugli ingranaggi trovano spazio attività con l'uso del compasso, sia per tracciare le forme delle ruote che per individuare punti aventi distanze date da punti dati.

Un secondo esempio (che sarà ripreso nel Capitolo 8) riguarda una ricerca sul prospettografo (Bartolini Bussi e coll., 2005), nella quale si studia il processo di costruzione del significato di piramide visiva (vedi Capitolo 2). Anche in questo caso, il processo è basato sul coordinamento di diversi sistemi semiotici (il gesto, il disegno, il linguaggio verbale), sotto l'attenta guida dell'insegnante, in situazioni di interazione sociale.

5.4. La costruzione dei significati

Il problema della definizione è fondamentale in matematica. In geometria il problema ha una natura particolare, per la presenza, negli oggetti che si considerano, di due componenti: una componente figurale, dipendente dal fatto che si fa riferimento allo spazio dell'esperienza percettiva, e una componente concettuale, dovuta alla struttura teorica della geometria (vedi Mariotti e Fischbein, 1997). Queste due componenti dovrebbero interagire in modo armonioso, con supporto reciproco. Non sempre questo avviene. A volte è perfino necessario che, almeno temporaneamente, uno dei due aspetti si sviluppi indipendentemente dall'altro.

C'è un legame privilegiato tra la geometria e la realtà. La geometria è una disciplina teorica, ma al tempo stesso, dipende dalla realtà come modello di alcuni suoi aspetti. In altre parole i concetti geometrici appartengono ad un sistema teorico, ma, al tempo stesso, non sono completamente liberi. Un caso interessante è dato dalla discussione di Waterhouse (1972-73) sulla storia dei poliedri regolari. Lo studio dei poliedri regolari ha avuto una sorta di "preistoria"; essi erano studiati come oggetti individuali, senza riconoscere l'idea unificante di regolarità che li connette.

"*Discutere i solidi uno ad uno non serve; dobbiamo studiare non la loro storia individuale ma soprattutto la loro storia collettiva. La vera storia dei solidi regolari inizia quando gli uomini si sono accorti che c'era un tale oggetto di riflessione. La scoperta di questo o quel particolare solido era secondaria. La scoperta cruciale è stata proprio il concetto di solido regolare. [...] Abbiamo il concetto di solido regolare solo perché qualche matematico l'ha inventato. [...] La scoperta era richiesta non tanto per l'oggetto in sé quanto per il suo significato.*„

Si trovano nella storia tracce delle due fasi nella storia dei solidi regolari. Nella prima fase probabilmente si conoscevano solo tre casi e si usavano i termini cubo e piramide, mentre quello che poi fu chiamato dodecaedro era chiamato "sfera dei dodici pentagoni". Nella seconda fase ci fu cambiamento di prospettiva, in quanto insieme all'idea di solido regolare furono introdotti i nomi (completando i casi possibili):

- Esaedro (per il cubo).
- Tetraedro (per la piramide a base triangolare).
- Dodecaedro (per la "sfera dei dodici pentagoni").
- Ottaedro.
- Icosaedro.

Questi termini non sono solo "tecnici" (nel senso che si riferiscono al numero di facce del solido) ma anche "sistematici". Essi testimoniano l'emergenza di un nuovo metodo di analisi, che genera qualcosa di nuovo, cioè la classe dei solidi regolari. Al tempo stesso, questo metodo consente di riconsiderare gli oggetti tradizionali (come il cubo o la sfera dei dodici pentagoni) sotto una prospettiva del tutto nuova. Tra le varie proprietà dei solidi ne sono scelte alcune: avere per facce poligoni regolari; avere le facce congruenti; avere lo stesso numero di facce che si incontrano in un qualsiasi vertice. La scelta di queste proprietà è collegata ad un obiettivo specifico. In questo modo si genera una definizione produttiva che apre nuovi problemi o nuove prospettive su problemi classici e può generare una nuova teoria.

Queste considerazioni si possono applicare anche al caso dei tracciatori di curve. Anche relativamente ad essi è possibile identificare due fasi del percorso storico. Nella prima fase, curve particolari (il cerchio, la concoide di Nicomede, la cissoide di Diocle, le lumache di Pascal, la lemniscata di Bernoulli, ecc.) sono generate separatamente. Fino a che non si sono sviluppate, da un lato, la geometria algebrica, cioè la trattazione unificata delle curve a partire dall'equazione che le rappresenta, e dall'altro, la geometria organica, cioè una teoria generale degli strumenti tracciatori, le singole curve, denominate con nomi legati al loro aspetto e con la paternità del loro inventore, costituivano oggetti separati. Riusciva difficile perfino pensare al cerchio come caso particolare di ellisse.

L'idea che un oggetto preso dall'esperienza quotidiana possa essere reinterpretato all'interno di una teoria apre delicati problemi didattici. Se prendiamo le classificazioni che si fanno nella vita quotidiana, vediamo che esse rispondono a criteri di somiglianza e differenza che sono di tipo figurale. Per esempio, il Dizionario Garzanti della Lingua Italiana scrive:

"***rettangolo:*** *(geom.) quadrangolo che ha i quattro angoli retti; (com.) quadrangolo che ha i quattro angoli retti e ogni lato uguale al suo opposto ma diverso dal suo consecutivo*„

La prima (geom.) è una definizione di tipo sistematico. La seconda definizione risponde al bisogno della vita quotidiana di distinguere gli oggetti di forma rettangolare (non quadrata) da quelli di forma quadrata: essi appaiono infatti tanto diversi dal punto di vista percettivo da far accettare con difficoltà l'idea che uno di essi sia un caso particolare dell'altro. La natura teorica dei concetti matematici fa sì che le definizioni rispondano a criteri di tipo concettuale piuttosto che figurale.

La distinzione tra concetti quotidiani e concetti scientifici è data chiaramente da Vygotskij (1992):

"*Possiamo spiegare in che cosa si manifesta la differenza di natura tra i concetti scientifici e i concetti quotidiani [...]. Questo punto centrale è* l'assenza *o* l'esistenza di un sistema. *[...] Fuori da un sistema i soli legami possibili nei concetti sono quelli stabiliti tra gli oggetti stessi, cioè i concetti empirici. [...] Insieme con il sistema compaiono le relazioni dei concetti con i concetti...*".

La distanza tra il processo spontaneo e il processo matematico di definizione riguarda sia l'origine dei concetti da definire che la loro organizzazione in un sistema teorico. In ogni caso la direzione del processo matematico non può essere lasciata alla spontanea organizzazione degli studenti ma deve essere indirizzata dall'insegnante. Per approfondire questo tema, si può utilmente vedere il testo di Mariotti (2005).

5.5 Argomentare e dimostrare: l'unità cognitiva

Gli esempi utilizzati per illustrare il costrutto teorico di nodo semiotico mostrano allievi di scuola elementare alle prese con problemi complessi, collegati alla costruzione di significati (piramide visiva) e alla costruzione di germi di teorie e dimostrazioni (ingranaggi e compasso). Per quest'ultimo problema, in particolare, si osserva nei protocolli degli allievi, arricchiti dai diversi segni che li accompagnano, una coerenza tra la descrizione delle prime esplorazioni condotte sugli oggetti reali o sulle loro simulazioni (grafiche o mentali) e i testi dimostrativi prodotti successivamente. Sta forse qui uno dei segreti che rendono possibile la realizzazione di compiti così complessi in relazione alla giovane età degli allievi?

La risposta sembra essere affermativa. In questi esperimenti si è realizzata, nei compiti cruciali, ciò che è chiamata *unità cognitiva,* intesa come continuità e coerenza tra il processo di produzione di una congettura e il processo di costruzione di una dimostrazione. Ecco come è descritta l'unità cognitiva dagli autori che l'hanno riconosciuta e formulata inizialmente (Boero e coll., 1996a).

"*Durante la produzione di una congettura, il soggetto giunge a formulare un enunciato attraverso un intenso processo argomentativo, intrecciato in modo funzionale con la giustificazione della plausibilità delle sue scelte. Nel corso del successivo processo di dimostrazione, lo studente ricostruisce questo processo in modo coerente, organizzando alcuni degli argomenti prodotti in precedenza in una catena logica.*„

Il costrutto teorico dell'unità cognitiva è stato inizialmente suggerito dall'analisi di protocolli relativi a dimostrazioni di geometria dello spazio, nate nel processo di modellizzazione del fenomeno naturale delle ombre solari. Esso è stato alla base di sviluppi successivi in direzioni diverse, con applicazioni alla geometria dinamica (vedi in seguito), all'algebra e all'analisi con gruppi di studenti di età molto diversa. Esso si presta ad interessanti applicazioni anche nel campo di esperienza delle macchine matematiche, come vedremo nel seguito.

Quando c'è unità cognitiva, c'è una stretta corrispondenza tra la natura e gli oggetti dell'attività mentale coinvolti nei due processi. Nei protocolli degli allievi, essa si manifesta con l'applicazione di metafore suggerite da un'esperienza fisica ad un ragionamento concatenato logicamente. Quando è possibile realizzarlo, il collegamento tra produzione della congettura e costruzione della dimostrazione rende più facile l'approccio alla dimostrazione. Nella tesi di dottorato di Pedemonte (2002) si precisa ulteriormente il problema utilizzando il modello di Toulmin (1958) per l'analisi dei processi. In questa sede, ci limitiamo ad estrarre dalla tesi alcuni elementi introduttivi.

Si identificano quattro fasi (a volte implicite) nella risoluzione di un problema geometrico che richiede la produzione di una congettura, con la sua dimostrazione:

1. Fase argomentativa della produzione della congettura.
2. Fase di stabilizzazione della formulazione della congettura.
3. Fase di costruzione della dimostrazione.
4. Fase di stabilizzazione della redazione della dimostrazione.

Queste fasi non sono sempre presenti. Ad esempio può accadere che la produzione della congettura sia immediata, basata su un'intuizione o sulla percezione. In questo caso, la costruzione della dimostrazione può risultare più difficile, o comunque più lunga, per la necessità di ricostruire, in questa fase, l'esplorazione che sarebbe altrimenti avvenuta nella fase argomentativa.

È facile riconoscere l'assenza di unità cognitiva quando, durante la risoluzione del problema si verificano discontinuità nel passaggio da una fase all'altra. Nella tesi sono illustrati diversi casi di possibile discontinuità di tipo linguistico, concettuale, euristico (spesso presenti contemporaneamente).

Dal punto di vista *linguistico,* si osserva se le espressioni verbali, le espressioni algebriche, i disegni si mantengono o evolvono con continuità passando da una fase ad un'altra.

Dal punto di vista *concettuale*, si osserva se nell'argomentazione sono presenti *concetti* o *teoremi in atto* (Vergnaud, 1990) e se questi sono poi esplicitati nella dimostrazione. Per esempio, durante l'argomentazione, il soggetto può utilizzare parole che fanno riferimento ad un teorema, senza però esplicitarlo.

Se nella fase di dimostrazione tale teorema è utilizzato si può concludere che c'è una continuità concettuale tra le due fasi.

Dal punto di vista *euristico*, si osserva se gli elementi designati come variabili (che quindi si fanno variare) e quelli che sono mantenuti fissi sono gli stessi nelle due fasi.

Alcune discontinuità possono crearsi con cambiamenti di *quadro* (Douady, 1986): algebrico, aritmetico, geometrico, qualitativo, algoritmico, ecc. La congettura e la dimostrazione possono essere prodotte nello stesso quadro (continuità) oppure in quadri diversi (discontinuità). Un caso di discontinuità si ha, ad esempio, quando l'argomentazione è costruita utilizzando la geometria sintetica e la dimostrazione è costruita utilizzando la geometria analitica.

Altre discontinuità possono essere di natura strutturale: ad esempio quando la produzione della congettura avviene attraverso un processo di tipo induttivo, mentre la costruzione della dimostrazione deve portare ad una catena di deduzioni.

Nei casi di discontinuità, non c'è *unità cognitiva* tra argomentazione e costruzione della dimostrazione. La distanza tra gli argomenti prodotti per la plausibilità della congettura e gli argomenti che sono utilizzati durante la costruzione della dimostrazione può spiegare la difficoltà dello studente nel completare la soluzione del problema.

La discontinuità può essere implicita nella natura stessa del problema. Un esempio sarà presentato nel Capitolo 8 paragrafo 4. La situazione problematica proposta agli studenti riguarda un dialogo immaginario sulle sezioni coniche, con contributi tratti da autori appartenenti ad epoche diverse (dall'antichità ai secoli XVI e XVII). Sono autori che operano nel quadro della geometria sintetica e producono argomentazioni adottando un linguaggio che fa riferimento all'esperienza spaziale. Alcuni autori sostengono che tagliando un cono circolare retto con un piano non perpendicolare all'asse si ottiene "una forma ad uovo" (non ellittica). Questa asserzione è evidentemente falsa per gli studenti, che, tuttavia, non riescono a costruire argomentazioni in grado di confutarla. Gli studenti sanno muoversi solo nel quadro analitico e non sono in grado di ristabilire la continuità con il quadro sintetico del dialogo. Il problema iniziale (la forma della sezione) diviene così un problema "difficile", quasi impossibile, anche se, come mostreremo, si può dimostrare sinteticamente in vari modi che la sezione è un'ellisse; queste dimostrazioni, però, non affrontano in modo diretto il problema della supposta asimmetria della sezione e creano quindi una discontinuità con le argomentazioni presentate nel dialogo.

5.6 Un modello di ricerca in didattica della matematica

In questo capitolo e nel precedente abbiamo presentato i risultati di alcune ricerche condotte in Italia e all'estero che si rivelano estremamente utili nella pianificazione, nella realizzazione e nell'analisi di esperimenti didattici di lungo termine nel laboratorio delle macchine matematiche. Essi gettano luce su alcune componenti della ricerca didattica:

- La componente epistemologica: l'analisi dell'artefatto (o strumento, a seconda delle scelte terminologiche dei diversi autori) quando l'attenzione è rivolta alla costruzione di particolari conoscenze.
- La componente didattica: l'analisi dei modi con cui l'insegnante può organizzare e gestire l'interazione in classe, in presenza di un artefatto, con lo scopo di costruire particolari conoscenze.
- La componente cognitiva: l'analisi dei modi in cui si sviluppano i processi degli allievi, durante la costruzione di particolari conoscenze.

La presenza contemporanea di queste tre componenti è coerente con il modello sistemico di ricerca in didattica della matematica presentato da Arzarello e Bartolini Bussi (1998). In estrema sintesi, questi autori sostengono che nella maggior parte degli studi di didattica della matematica sviluppati in Italia e presentati nella letteratura internazionale, sono presenti almeno due delle tre componenti prima illustrate, per il caso della didattica in presenza di strumenti. Inoltre, essi sottolineano che queste componenti sono strettamente interconnesse, cioè che l'attenzione del ricercatore è focalizzata non tanto sulle singole componenti (che possono essere illustrate separatamente a scopo puramente analitico), ma piuttosto sulle mutue relazioni tra esse (es. le relazioni tra le caratteristiche dell'artefatto e i processi di insegnamento apprendimento).

Ci possiamo chiedere in che senso e fino a che punto queste considerazioni sono utili e necessarie all'insegnante "normale", che vive lontano dai circuiti della ricerca didattica, pur avendo un profondo interesse per tutto ciò che può aiutarlo a crescere professionalmente. Le tre componenti che sono state delineate si collegano a tradizioni complementari, che hanno avuto, anche nel nostro paese, sviluppi spesso indipendenti tra di loro.

La componente epistemologica riguarda l'analisi dei contenuti. Essa è presente nella formazione degli insegnanti di matematica (ad esempio nei corsi di Matematiche Elementari da un punto di vista superiore) e risponde sostanzialmente alla necessità di conoscere in modo non superficiale ciò che si intende insegnare e i modi con cui queste conoscenze si sono costituite nella storia.

La componente didattica eredita la tradizione delle sperimentazioni innovative, di solito di lungo termine, condotte nella scuola da insegnanti isolati o da gruppi di insegnanti collegati in associazioni professionali. Essa risponde sostanzialmente alla necessità di conoscere, in modo anche operativo, alternative alla lezione frontale in classe.

La componente cognitiva si collega alle ricerche tradizionalmente svolte nella psicologia, spesso in situazioni di laboratorio (e non di classe) e relative a consegne particolari, osservate con strumentazioni raffinate. Essa risponde alla necessità di investigare quali processi sono messi in moto da particolari proposte di problemi.

Il modello sistemico sottolinea la necessità di tenere conto contemporaneamente delle tre componenti, sia nella progettazione delle attività che nell'analisi dei processi innescati. Come mostreranno gli esperimenti didattici recensiti nei capitoli che seguono, la presentazione di un contenuto innovativo si accompagna alla messa in opera di modalità di organizzazione della classe non tradizionali, che devono essere osservate con strumenti metodologici particolari, in grado di mettere in evidenza i processi, piuttosto che i prodotti. Aderire a queste proposte può richiedere all'insegnante una profonda revisione critica del suo modo di fare scuola: la ricerca didattica può fornire all'insegnante strumenti che lo aiutano in questo compito difficile.

6
Uso didattico delle macchine matematiche: una rassegna internazionale

Le ricerche sull'utilizzo didattico di strumenti come le macchine matematiche non sono molto diffuse (Bartolini Bussi, 2000), se confrontate con le ricerche riguardanti gli strumenti delle tecnologie didattiche (hardware / software). Le potenzialità didattiche degli strumenti tradizionali nell'insegnamento - apprendimento della geometria sono all'origine di un numero limitato di esperimenti didattici compiuti in diversi paesi del mondo. Le motivazioni addotte per inserire questo campo di esperienza non consueto sono molto varie e spaziano tra gli aspetti affettivi (creare una migliore immagine della matematica e un migliore rapporto con essa), culturali (mostrare le relazioni tra la matematica e altri aspetti della cultura prodotta dall'uomo nella storia), innovativi (stimolare la creatività degli studenti), didattici (introdurre strumenti di valutazione significativi), cognitivi (studiare processi di costruzione di significati e di produzione di ragionamenti tipici dell'attività matematica). Ad una rassegna di queste attività (a volte semplici spunti di lavoro, a volte schemi dettagliati, a volte ricerche didattiche su processi di breve o lungo termine) sono dedicati i tre capitoli che seguono.

In questo capitolo, presentiamo in forma sintetica alcuni lavori pubblicati in diversi paesi. I ricercatori citati sono in contatto con il nostro Laboratorio e ci hanno fornito documenti spesso difficilmente reperibili (come le tesi di dottorato). Alcuni (Ruttkay, Isoda, Moreno, Sangaré), inoltre, hanno utilizzato, con modalità originali, macchine prodotte dal nostro Laboratorio. Al lettore attento non sfuggirà che queste modalità originali (e diverse da esperimento a esperimento) dipendono dai quadri teorici assunti implicitamente o esplicitamente dai ricercatori. Poiché nei diversi paesi le istituzioni scolastiche sono strutturate in modo diverso, per permettere al lettore di individuare facilmente il livello scolastico delle classi coinvolte negli esperimenti si userà la convenzione seguente:

- Gradi 1 - 5: dalla prima alla quinta elementare.
- Gradi 6 - 8: dalla prima alla terza media.
- Gradi 9 - 13: dalla prima alla quinta superiore.

Nei due capitoli successivi, invece, presenteremo ricerche svolte dal nostro Laboratorio o da altri colleghi italiani che operano in stretto contatto con noi.

Tutta la documentazione citata è consultabile presso il Laboratorio delle Macchine Matematiche di Modena. Nel cd-rom allegato sono contenute schede più dettagliate con esempi delle consegne, tradotte dai testi originali.

6.1. Alcuni esperimenti didattici su strumenti meccanici

Gli strumenti nella valutazione

Un articolo relativo all'utilizzo scolastico dei tracciatori di coniche è stato pubblicato da Jan van Maanen nel 1992. L'autore introduce da una prospettiva storica il disegno delle coniche per mezzo di strumenti, descrivendo alcuni dei tracciatori contenuti nel trattato di van Schooten *De organica conicarum sectionum in plano descriptione, Tractatus* (1646).

Poi presenta un problema assegnato nell'esame finale della scuola secondaria con un esplicito richiamo agli strumenti di van Schooten, presentati attraverso i disegni originali. Il problema è il seguente:

"*Per molto tempo i matematici hanno trattato le coniche con un certo sospetto poiché non c'erano strumenti coi quali disegnarle con la stessa accuratezza con cui si possono disegnare, ad esempio, una retta con una riga e un cerchio con un compasso.*

*Nel 17° secolo il professore di Leida Franz van Schooten studia questo problema. Come risultato egli descrive in un suo libro, tra altre cose, alcuni metodi per disegnare un'ellisse meccanicamente. Uno è il ben noto metodo della corda [*vedi Fig. 6.1*]*

a) Spiegate perché la mano con la matita disegna un'ellisse.

*Un secondo strumento funziona nel modo seguente [*vedi Fig. 6.2*]. Un'asta AB di lunghezza fissata a ruota intorno ad A; in B è imperniata una seconda asta BE, sulla quale c'è un punto D che si muove sull'asse x in modo che BD = BA = a. La lunghezza BE è chiamata b (con a e b positivi). Van Schooten sostiene che la matita in E descrive un'ellisse se D si muove sull'asse x.*

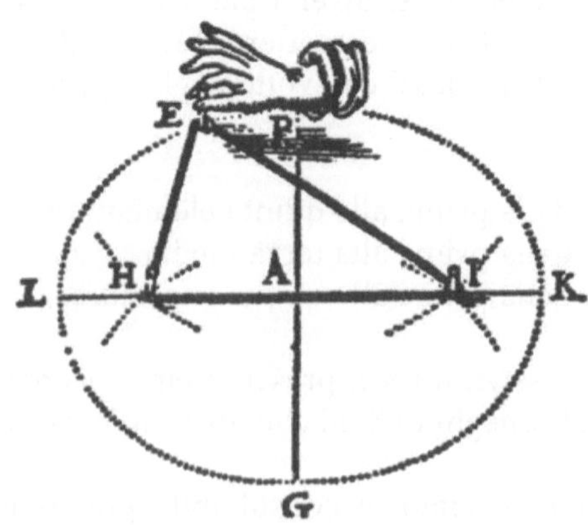

Figura 6.1 disegno di ellissografo a filo di van Schooten

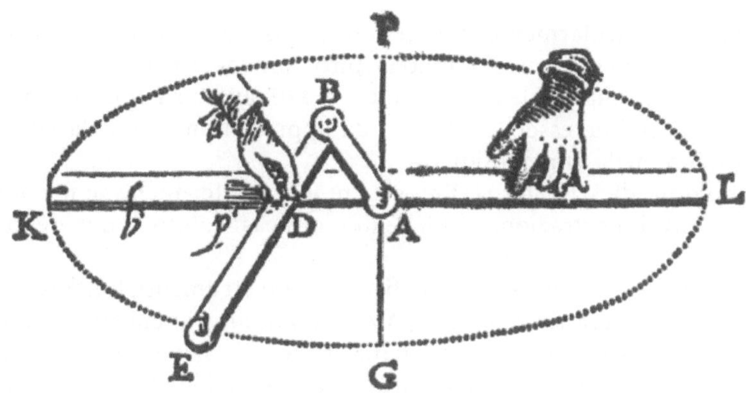

Figura 6.2 disegno di ellissografo di van Schooten

b) Sia A l'origine. Se supponiamo che l'insieme dei punti E sia davvero un'ellisse, qual è l'equazione di quell'ellisse?„

Ci sono altre domande riguardanti la costruzione dell'equazione, ed infine la seguente domanda:

"*e) Lo strumento di van Schooten potrebbe essere utile per disegnare coniche come è il compasso per i cerchi?„*

In questo caso, gli studenti non dispongono di copie materiali degli strumenti ma solo di immagini e testi, che ne descrivono il funzionamento anche attraverso la rappresentazione dei gesti (schemi d'uso).

Gli strumenti per cambiare l'atteggiamento verso la matematica

Un esperimento diverso è realizzato da Zsofia Ruttkay (Vierkant Foundation, Amsterdam), che propone attività di esplorazione guidata di copie di macchine matematiche (fornite dal Laboratorio di Modena) a gruppi di partecipanti a campeggi estivi sulla matematica e in seminari liberi presso l'Università. Le macchine sono gli strumenti per le isometrie (traslazioni, simmetrie, rotazione) e alcuni curvigrafi tra cui la guida rettilinea di Peaucellier e alcuni conicografi.

Nel rendiconto finale, l'autrice sottolinea che:

- Queste macchine sono un utile mezzo per coinvolgere i ragazzi in esplorazioni geometriche.
- I migliori risultati si ottengono con allievi di almeno 14 anni.
- La scarsa preparazione geometrica dei ragazzi richiede suggerimenti e incoraggiamento da parte di tutor esperti.

- L'attività è particolarmente efficace con i ragazzi divisi in piccoli gruppi (2-3 studenti) e con sessioni di ampio respiro (almeno un'ora e mezzo di lavoro per volta per un totale di almeno tre ore di lavoro su ogni strumento).
- L'attività potrebbe essere arricchita da approfondimenti sulla storia e le applicazioni nella vita quotidiana.
- Il pantografo di Sylvester si dimostra molto adatto, anche se il completamento della dimostrazione richiede in molti casi l'aiuto di uno dei tutor.

In parallelo a questa attività su copie fisiche degli strumenti, Ruttkay costruisce anche il sito interattivo[1] *Drawing Machines Studio*, in cui sono presentate tre applet java sugli strumenti: pantografo di Sylvester, inversore di Peaucellier, pantografo di Scheiner, oltre alla costruzione libera di macchine (sistemi articolati) attraverso la definizione di aste e perni di congiunzione. Proprio questo sito ha suggerito la realizzazione successiva delle applet java del cd-rom *Theatrum Machinarum.*

Gli strumenti come stimolo alla creatività

In un esperimento realizzato in Giappone presso l'Università di Tsukuba, Masami Isoda studia le modifiche nell'atteggiamento degli studenti verso la matematica, quando si propone un'attività su antichi strumenti di interesse storico, integrata con la lettura di fonti originali. Isoda ha studiato la ricostruzione di vari strumenti utilizzando i pezzi del LEGO[2]. L'esperimento è svolto con studenti all'inizio dell'Università, che non hanno mai avuto esperienza di storia della matematica, di strumenti meccanici e di software di geometria dinamica. L'esperimento si articola in quattro sessioni:

1. Con il supporto del disegno originale di van Schooten (Fig. 6.2) gli studenti realizzano con il LEGO una copia del compasso ed esplorano il luogo tracciato.
2. Gli studenti imparano a costruire il luogo con l'uso di Cabri.
3. Gli studenti costruiscono un modello virtuale del compasso di van Schooten in ambiente Cabri.
4. Gli studenti leggono alcuni brani storici da Descartes e Pascal, realizzando i luoghi ivi descritti in ambiente Cabri.

In questo esperimento l'uso di copie di strumenti meccanici (realizzate in modo ingegnoso con il LEGO) è integrato dalla lettura di fonti storiche e dalla realizzazione di copie virtuali degli strumenti in ambiente Cabri. I lavori fin qui pubblicati (per esempio Isoda, 2003) focalizzano il cambiamento dell'atteggiamento degli studenti nei confronti della matematica piuttosto che il processo di esplorazione e di costruzione di dimostrazioni. La costruzione dello

---

1 http://wwwhome.cs.utwente.nl/~zsofi//machines/machines.html
2 http://130.158.186.230/museum/lego/lego.html

strumento da parte degli studenti li induce anche a proporre modifiche, ad esempio nella lunghezza dei vari giunti, che modificano la curva tracciata. Il sito in giapponese fornisce indicazioni su come costruire molti strumenti a due gradi di libertà: traslatore, strumenti per simmetria assiale e centrale, pantografo di Sylvester, strumento per affinità di Delaunay, pantografo di Scheiner, inversore di Peaucellier, prospettografo di Lambert.

Gli esperimenti presentati brevemente in questo paragrafo si riferiscono ad attività episodiche, svolte al di fuori del progetto curricolare e per un periodo limitato. Esse tuttavia mettono in luce aspetti interessanti collegati alla motivazione e alla creatività, agli aspetti storici e ai legami con l'esperienza quotidiana, alla possibilità di affiancare un mondo virtuale (Cabri o un ambiente Java) come ambiente per la modellizzazione degli strumenti meccanici. Alcuni di questi temi sono ripresi negli esperimenti descritti più oltre. Altri esperimenti documentati in letteratura con maggiori dettagli ci consentono di entrare nel merito dei processi di produzione di congetture e costruzione di dimostrazioni.

6.2. Strumenti matematici e strumenti quotidiani: le ricerche di J. L. Vincent

In questo paragrafo riassumeremo brevemente i risultati della tesi di dottorato discussa da Jill L. Vincent presso l'Università di Melbourne nel 2002. Nel cd-rom allegato sono riportate per esteso alcune consegne, alcuni strumenti metodologici e immagini degli strumenti utilizzati.

Età degli allievi. Vincent affronta in modo diretto il problema della dimostrazione con allievi del grado 8 (corrispondente alla nostra terza media) in attività che prevedono l'uso sistematico e intenzionale di sistemi articolati. Lo studio sperimentale di Vincent riguarda una classe di 29 studentesse, di cui l'autrice è insegnante (insegnante - ricercatore).

Problemi della ricerca. L'autrice si propone di studiare i seguenti problemi:

1. Si può costruire una cultura della dimostrazione geometrica in una classe del grado 8 in un contesto caratterizzato dalla presenza di sistemi articolati e di un software di geometria dinamica?
2. Gli studenti del grado 8 sono motivati ad affrontare argomentazioni, congetture e ragionamento deduttivo in un contesto caratterizzato dalla presenza di sistemi articolati e di un software di geometria dinamica?
3. Il feedback statico e dinamico dato dai sistemi articolati e da un software di geometria dinamica aiuta il coinvolgimento cognitivo degli studenti del grado 8 nell'argomentazione, nella congettura e nel ragionamento deduttivo?
4. Il processo di argomentazione e di produzione di congetture contribuisce alla costruzione di dimostrazioni valide?

5. Il feedback empirico offerto dai sistemi articolati e da un software di geometria dinamica è sufficiente a convincere gli studenti del grado 8?

Durata. È uno studio di lungo termine, che comprende 24 sessioni di lavoro di cui 6 di pre-test, post-test.

Ambiente e strumenti utilizzati. L'attività si svolge in aula. Si utilizzano carta e matita, l'ambiente Cabri e, in 8 sessioni anche modelli fisici di sistemi articolati. Sono proposti vari strumenti presi dalla vita quotidiana (un carrello elevatore con cestello, il crick per sollevare l'auto, le grate espandibili da giardino, il tavolo da stiro pieghevole) o dal campo di esperienza delle macchine matematiche (meccanismo di Tchebicheff, trisettore di Pascal, pantografo di Scheiner, pantografo di Sylvester). È inoltre proposto un vecchio strumento di calcolo per bambini (la scimmia istruita, Fig. 6.3) che consente di calcolare meccanicamente i prodotti di numeri interi da 1 a 12. Per ogni sistema articolato è proposto un modello fisico, in alcuni casi realizzato dalle studentesse con strisce di cartone o di plastica e un file Cabri (realizzato in ambiente Cabri II per Windows) che simula il funzionamento. L'esplorazione è condotta prima sull'oggetto fisico e poi sul file Cabri.

Modalità di organizzazione. Nelle 18 sessioni centrali vi sono attività collettive e attività a coppie con l'intervento dell'insegnante.

Risultati. Alcune coppie di studentesse sono osservate con cura durante l'esplorazione dei diversi sistemi articolati. Il prodotto finale (dimostrazione) di ciascuna studentessa è analizzato facendo riferimento allo schema di Toulmin (già citato nel Capitolo 5 paragrafo 5). Per codificare il processo, Vincent introduce uno schema originale (chiamato "profilo di argomentazione", Fig. 6.4), che consente di annotare l'ambiente (modello fisico, simulazione Cabri, carta e penna), analizzare l'interazione (tra le studentesse e con l'insegnante) e ordinare le diverse fasi del processo (esplorazione del compito, osservazioni, rac-

Figura 6.3 la scimmia istruita

colta dei dati, produzione di congetture, ragionamento deduttivo). I risultati dello studio consentono di dare risposte positive ai problemi di ricerca posti inizialmente, mostrando in particolare che lo studio di semplici sistemi articolati, sia presi dalla vita di tutti i giorni che dall'ambiente delle macchine matematiche, è alla portata degli studenti di 13-14 anni, che giungono a produrre dimostrazioni geometriche delle loro proprietà.

Lo schema (riferito allo studio del trisettore di Pascal, Fig. 6.4) è interpretato in questo modo (Vincent, 2002).

"*Lo schema mostra che le due studentesse sono state impegnate in un processo argomentativo complesso che comprende quattro distinti processi: l'orientamento del compito, la raccolta di dati, la produzione di una congettura, la costruzione di una dimostrazione. Le studentesse erano ancora relativamente inesperte nelle investigazioni e nel ragionamento geometrico, e lo scopo opaco del sistema articolato non offriva alcun aiuto ad Anna e Kate per la produzione di congetture. Il mio intervento quindi ha giocato un ruolo sostanziale nella capacità delle studentesse di dimostrare la relazione angolare implicita nella progettazione del sistema articolato, richiamando la loro attenzione su proprietà rilevanti, e spingendole a fornire garanzie per i loro enunciati. Tuttavia,*

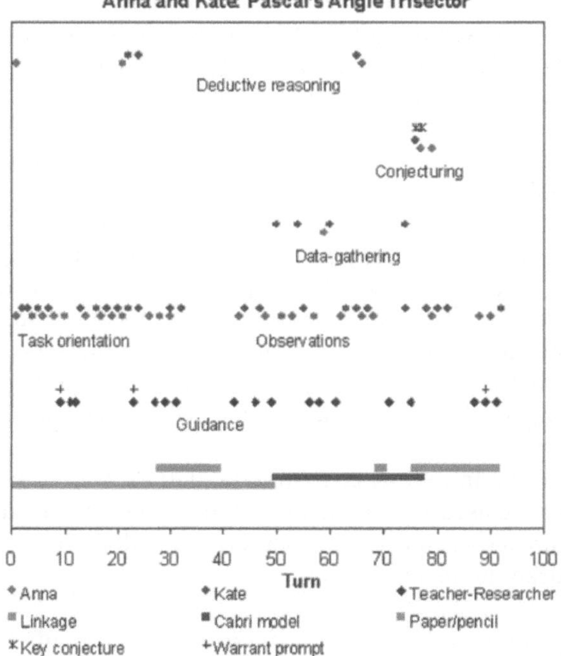

Figura 6.4 il profilo di argomentazione

la geometria relativamente semplice e familiare ha consentito ad Anna e Kate di impegnarsi in un ragionamento deduttivo. Quando ad Anna e Kate è stato dato il modello Cabri, esse non sono più ritornate ad analizzare il modello fisico. La possibilità di misurare gli angoli in Cabri ha supportato il ragionamento deduttivo, così come le ha aiutate a scoprire altre relazioni.„

6.3 Esplorazione di ellissografi: le ricerche di D. Dennis

In questo paragrafo si presenteranno i principali risultati della tesi di dottorato di David Dennis discussa sotto la direzione di Jere Confrey nel 1995. L'autore affronta il problema della dimostrazione realizzando interviste cliniche di due ragazzi alle prese con strumenti ricostruiti dalla storia della matematica. Nel cd-rom allegato sono riportate le sintesi dei protocolli di intervista.

Età degli allievi. Sono discusse nei dettagli due interviste di studenti di scuola secondaria (gradi 11 e 12 rispettivamente, cioè 17-18 anni).

Obiettivi della ricerca. L'autore interviene nel dibattito sulla riforma del curricolo in corso in quegli anni negli Stati uniti, con i seguenti obiettivi:

1. Stabilire il ruolo storico fondamentale e l'importanza concettuale dei curvigrafi nello sviluppo della geometria analitica, del simbolismo algebrico, dell'analisi (calculus) e della nozione di funzione.
2. Mostrare come due studenti di matematica di scuola secondaria hanno tratto beneficio dall'esperienza con curvigrafi fisici.
3. Mostrare che lo studio geometrico ed algebrico di tali curvigrafi ha sollevato per loro questioni epistemologiche cruciali, la considerazione delle quali li ha portati ad un più bilanciato dialogo tra il mondo fisico e i linguaggi simbolici.
4. Mostrare che la discussione delle tangenti, delle aree e delle lunghezze degli archi associata a molte curve non deve necessariamente essere proposta dopo l'analisi, ma, al contrario, la comprensione dell'importanza semiotica dell'analisi dipende dalla capacità di correlare il suo simbolismo con esperienze geometriche che possono essere verificate indipendentemente. Tali esperienze comprendono l'uso dei curvigrafi e di loro simulazioni con software geometrici dinamici (ad esempio, Geometer's Sketchpad o Cabri).

Durata. L'intervista individuale, realizzata dall'autore, si sviluppa in due incontri di due ore ciascuno, tra i quali lo studente viene lasciato libero di continuare a riflettere a casa, ma senza discuterne con altri. L'intervista è videoregistrata ed accuratamente analizzata.

Ambiente e strumenti utilizzati. L'attività si svolge in un laboratorio, nel pomeriggio. Sono utilizzati due ellissografi realizzati dall'autore, carta e matita. Gli ellissografi (a filo e a barra) sono costruiti su grandi lastre di plexiglas

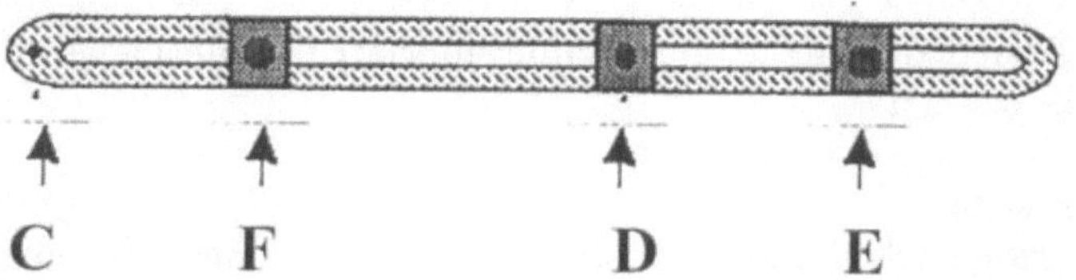

Figura 6.5 punti sulla barra

(oltre 1 m^2 ciascuna), con la possibilità di modificare i parametri di controllo:

a) Nell'ellissografo a filo si può cambiare la distanza tra i punti fissi (fuochi) e la lunghezza del filo.
b) Nell'ellissografo a barra (Fig. 6.5) si può cambiare la distanza tra i due perni scorrevoli nelle guide e la distanza del punto tracciatore da essi (oppure F). Il disegno viene eseguito con pennarelli.

Modalità di organizzazione. L'intervistatore adotta un modello di intervista clinica semistrutturata, con le seguenti domande:

1. Questi curvigrafi disegnano le stesse curve?
2. C'è qualche curva che può essere disegnata con uno di essi e non con l'altro?
3. Come puoi predisporre un curvigrafo per disegnare proprio una curva che hai disegnato con l'altro?
4. Riesci a trovare una equazione della curva disegnata direttamente dalle azioni che hai fatto sul curvigrafo?
5. Che cosa ti convince che hai trovato l'equazione giusta e come riesci a giustificarlo?

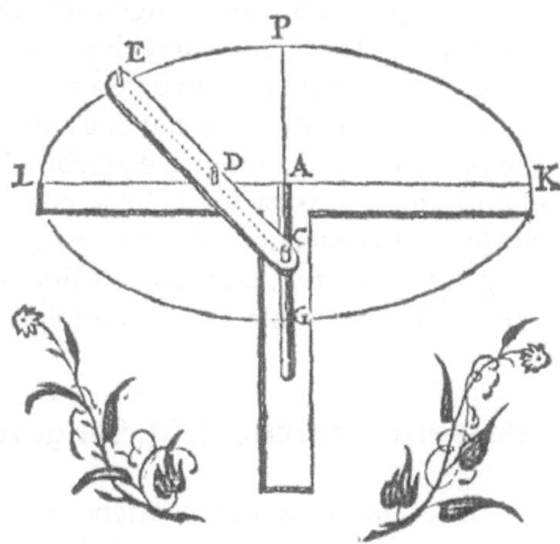

Figura 6.6 disegno di ellissografo a barra

Risultati. È particolarmente interessante riportare in sintesi il percorso di Jim, uno dei due ragazzi.

Prima intervista
1. Esplorazione dell'ellissografo a filo e dei suoi parametri di controllo.
2. Esplorazione dell'ellissografo a barra e dei suoi parametri di controllo.
3. Sviluppo di un metodo sistematico per copiare con l'ellissografo a barra un'ellisse disegnata con l'ellissografo a filo.

Seconda intervista
4. Rappresentazione dell'azione sull'ellissografo a filo per mezzo di una equazione algebrica.
5. Sviluppo di un metodo sistematico per copiare con l'ellissografo a filo un'ellisse disegnata con l'ellissografo a barra.
6. Rappresentazione dell'azione sull'ellissografo a barra per mezzo di una equazione algebrica.
7. Considerazioni sulle relazioni tra geometria fisica e rappresentazione algebrica.

Gli ellissografi scelti sono facili da costruire e da usare. Le azioni richieste sono percepite in modo diretto ed intuitivo; anche se entrambi gli strumenti possono disegnare "tutte" le ellissi (almeno in una regione limitata del piano), essi appaiono molto diversi: le modifiche necessarie per cambiare i parametri operano in modo diverso e producono quindi inizialmente relazioni algebriche di forma diversa. Si osserva sorpresa, quando si vede che azioni così diverse producono "le stesse" curve: questa sorpresa è di per sé un forte elemento di motivazione per lo studente, che vuole riconciliare l'impressione di diversità delle esperienze fisiche attraverso una rappresentazione matematica.

Nel corso del processo Jim usa in modo dialettico lo strumento, a volte per produrre congetture a volte per verificare congetture. Usa metafore, gesti, ragionamenti intuitivi. Sulla base di considerazioni di natura geometrica costruisce un'equazione che rappresenta il luogo descritto. Dopo aver verificato che la stessa equazione può essere ottenuta dai due curvigrafi, Jim discute il suo punto di vista sulle relazioni tra geometria e algebra. Per lui le equazioni algebriche non sono tanto una dimostrazione che le curve sono le stesse ma piuttosto una prova che le rappresentazioni algebriche delle curve sono consistenti con l'esperienza geometrica fisica. In questo Jim si comporta come i matematici del Seicento (vedi la discussione nel Capitolo 1 paragrafo 5).

6.4 Pantografi in classe: le ricerche di M. Sangaré

Nel 1995 il Laboratorio delle Macchine Matematiche ha fornito una serie di strumenti (curvigrafi e pantografi) all'Università di Grenoble J. Fourier, dove Colette Laborde ha avviato alcune ricerche sul tema. Sotto la guida di Laborde ha operato Mamadou S. Sangaré che ha svolto una tesi con sperimentazione didattica sulla rotazione (e sul pantografo di Sylvester) a Grenoble (Francia) e a Bamako (Mali) (grado 9). Le consegne dei due esperimenti sono costruite utilizzando lo schema della "scatola nera". Nei problemi tradizionali sulle trasformazioni geometriche, si assegna una figura e una trasformazione e si chiede di costruire la figura immagine. Nei problemi a "scatola nera", invece, si assegnano una prima e una seconda figura e si chiede di costruire una trasformazione dalla prima alla seconda. L'analisi a priori delle situazioni didattiche è realizzata facendo riferimento alla teoria di Brousseau (1997).

Età degli allievi. Gli esperimenti riguardano studenti di grado 9 (prima superiore) in entrambi i casi, anche se i programmi scolastici dei due paesi non sono del tutto coincidenti.

Distinguiamo nel seguito i due esperimenti.

Esperimento di Grenoble

Obiettivi della ricerca. Si intende studiare il funzionamento di ciò che gli studenti hanno appreso (o si presume che abbiano appreso) nella classe precedente (grado 8) a proposito della rotazione. In particolare si vuole studiare il tipo di controllo messo in opera dagli allievi in compiti di riconoscimento e/o di caratterizzazione della rotazione a partire da due figure omologhe.

Durata. L'esperimento si svolge in quattro fasi ravvicinate.

Ambiente e strumenti utilizzati. La sperimentazione è svolta in aula. Nelle attività sono utilizzate una copia del pantografo di Sylvester e una copia virtuale di esso realizzata in ambiente Cabri. La copia virtuale è installata su sei computer per il lavoro a coppie. Gli studenti conoscono bene l'ambiente Cabri, ma non hanno mai visto il pantografo di Sylvester.

Modalità di organizzazione. Dodici allievi sono divisi in tre gruppi di quattro allievi ciascuno. Ciascun gruppo è ulteriormente suddiviso in due coppie per i compiti nell'ambiente Cabri.

Fase 1 (prima esplorazione). L'insegnante presenta il pantografo e mostra come funziona per tracciare figure.

Fase 2 (ipotesi previsionale: "scatola nera"). Un foglio da disegno su cui sono tracciati due quadrati omologhi nella rotazione realizzata dalla macchina è fissato sul piano di supporto dello strumento. Una copia del foglio installato sulla macchina è fissato sul tavolo di lavoro di ciascuno dei tre gruppi. Agli studenti si chiede di determinare la trasformazione, operando sul proprio foglio o manipolando direttamente il pantografo.

Fase 3 (verifica in ambiente Cabri). Gli studenti operano a coppie su una simulazione del pantografo di Sylvester, allo scopo di controllare ed eventualmente modificare il testo prodotto dal gruppo nella fase precedente.

Fase 4 (bilancio). L'insegnante guida una discussione riguardante: le congetture prodotte dagli studenti a proposito della trasformazione in gioco e i diversi tipi di controllo messi in opera sulle congetture.

Risultati. I risultati mostrano che le conoscenze disponibili dopo una prima introduzione della rotazione (grado 8) non sono sufficienti a riconoscere questa trasformazione a partire dalle sue proprietà intrinseche. La trasformazione è piuttosto riconosciuta per esclusione (se è un'isometria e non è né una simmetria assiale, né una simmetria centrale, né una traslazione, allora è una rotazione) ragionando sull'insieme delle trasformazioni conosciute.

Esperimento di Bamako

Obiettivi della ricerca. Si studia l'introduzione alla rotazione, con un gioco tra due ambienti, quello del pantografo di Sylvester e quello carta e matita. In particolare si perseguono i due seguenti obiettivi didattici:
- Fare scoprire le proprietà geometriche della rotazione da parte di allievi che non hanno ancora avuto alcun insegnamento specifico.
- Trovare un procedimento per costruire l'immagine di una figura attraverso la rotazione realizzata dalla macchina matematica.

Durata. L'esperimento si svolge in due sessioni.

Ambiente e strumenti utilizzati. La sperimentazione è svolta in aula. Nelle attività si utilizza una copia del pantografo di Sylvester, carta e matita. Gli studenti non conoscono il pantografo e non hanno esperienze di software di geometria dinamica.

Modalità di organizzazione. Partecipano sedici studenti divisi in quattro gruppi di quattro studenti ciascuno. Come nel caso precedente un foglio da disegno è fissato alla base della macchina con due triangoli scaleni omologhi tracciate e un foglio identico è fissato al tavolo di lavoro.

Prima sessione (familiarizzazione con la macchina). Agli studenti si chiede di trovare una trasformazione piana che trasformi una figura nell'altra, operando sia sul foglio fissato al tavolo che sulla macchine. L'esplorazione della macchina è ammessa per un massimo di tre volte.

Seconda sessione (costruzione della figura trasformata). Agli studenti si chiede di trovare un procedimento di costruzione della figura immagine a partire dalla prima figura assegnata, operando sul foglio fissato al tavolo ed esplorando la macchina al massimo tre volte.

Risultati. L'autore analizza nei dettagli l'emergere di concezioni sulla macchina e mette in evidenza tre diverse procedure di costruzione, tutte basate sull'identificazione di famiglie di triangoli isosceli POP', dove O è il centro di rotazione e P' l'immagine di P. La conclusione finale è che l'ambiente della macchina di Sylvester è favorevole per l'introduzione o l'approfondimento del concetto di rotazione sia quando è abbinata all'ambiente Cabri sia quando è abbinata al tradizionale ambiente carta e matita (con strumenti geometrici).

6.5 Pantografi in classe: le ricerche di V. Hoyos e M. Moreno

Nel 1999 il Laboratorio delle Macchine Matematiche ha fornito una serie di strumenti (curvigrafi, pantografi, compozione di pantografi e macchine per la genesi tridimensionale di trasformazioni) all'Universidad Pedagogica Nacional di Città del Messico. Successivamente M. G. Bartolini Bussi e F. Oliviero hanno trascorso periodi in Messico per seguire alcune fasi di una sperimentazione sulle macchine per trasformazioni geometriche avviata da Veronica Hoyos e da Mario A. G. Moreno. Sotto la guida di Hoyos sono stati realizzati diversi esperimenti, in classi diverse.

Età degli allievi. I tre esperimenti qui considerati riguardano studenti del grado 9 (Aguascalientes) e dei gradi 10 e 11 (Città del Messico). L'esperimento nel grado 11 è sostanzialmente una replica del precedente. Distingueremo nel seguito gli altri due esperimenti (grado 9 e grado 10).

Esperimento di Aguascalientes: grado 9

Obiettivi della ricerca. Si intende studiare l'articolazione in classe di diversi aspetti della tecnologia (qui rappresentati da alcune macchine matematiche e dal software Cabri), prestando attenzione a come la manipolazione delle macchine influenza la comprensione dei concetti.

Durata. L'esperimento si svolge in otto sessioni di due ore ciascuna, la quinta e la sesta delle quali sono dedicata all'esplorazione di macchine matematiche.

Ambiente e strumenti utilizzati. La sperimentazione è svolta in aula. Nelle attività sono utilizzati i pantografi per la realizzazione di traslazioni, simmetrie, omotetie e l'ambiente Cabri. I due ambienti sono nuovi per gli studenti.

Modalità di organizzazione. Gli studenti operano divisi a coppie. La prima sessione è dedicata all'introduzione del software. Successivamente si esplora il menu *trasformazioni* costruendo le immagini di figure assegnate, studiando le relazioni tra una figura e la sua immagine e cercando una definizione per le diverse trasformazioni considerate. È anche esaminata la composizione di traslazioni e simmetrie. Fin qui la trasformazione è, almeno nominalmente, conosciuta dagli studenti, attraverso il ricorso al menu di Cabri. Nella quinta e nella sesta sessione si introducono le macchine matematiche, con problemi diversi del tipo "scatola nera". Le macchine sono costruite in modo da poter inserire due matite rispettivamente nel punto direttore e nel punto tracciatore. La consegna è la seguente.

"Macchine Matematiche per trasformazioni.

Parte I

- *Hai una macchina matematica. Disegna l'immagine di alcuni oggetti (rette, cerchi, triangoli) utilizzando questa macchina.*
- *Esplora la trasformazione e descrivila.*
- *Elabora dei disegni che ti aiutino nella descrizione e spiega che cosa accade agli oggetti immagine quando muovi la macchina lungo gli oggetti dati.*
- *Produci due schemi della macchina in due diverse posizioni. Segna negli schemi che realizzi lettere per mostrare la corrispondenza.*
- *Di che trasformazione si tratta?*
- *Produci uno schema in cui indichi quali sono gli elementi fondamentali della trasformazione (ad esempio, qual è in centro di simmetria o il punto fisso dell'omotetia o l'asse di simmetria o il vettore, ecc.).*

Parte II

- *Quando manipoli il meccanismo della macchina ottieni una figura. Descrivi questo meccanismo (ad esempio, quali sono le aste principali per ottenere il disegno e quali no?).*
- *Spiega che cosa succederebbe se potessi modificare la lunghezza di alcune aste e quale sarebbe la modifica dell'oggetto immagine in seguito a questo cambiamento.*

Parte III

- *Ora prova a riprodurre la macchina matematica usando Cabri, in modo che tu la possa usare nello stesso modo nel quale funziona la macchina reale.*
- *Descrivi i passi fondamentali che hai realizzato per ottenere la tua costruzione.„*

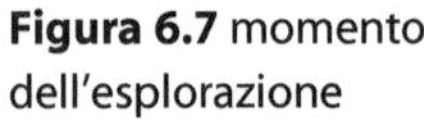

Figura 6.7 momento dell'esplorazione

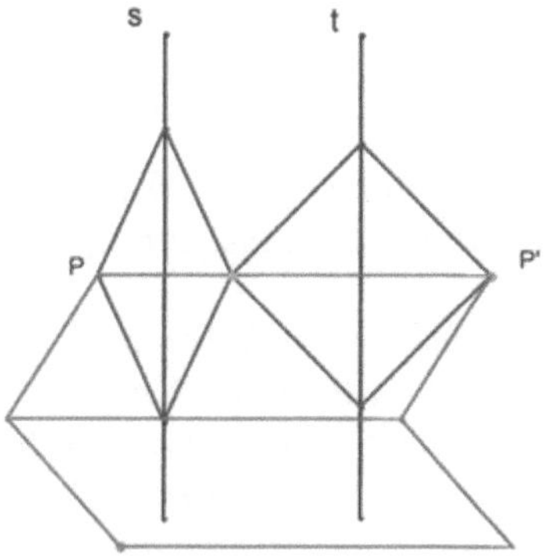

Figura 6.8 composizione di due simmerie assiali

Figura 6.9 composzione di due simmetrie centrali

Risultati. Nella ricerca sono analizzate le diverse strategie messe in opera dagli studenti. In generale si osserva che la manipolazione delle macchine è molto utile per la verifica delle proprie congetture. Questa attività è complementare all'attività precedente condotta in ambiente Cabri, durante la quale si è realizzata una percezione qualitativa delle proprietà. Nell'articolo (Hoyos, 2003) si commenta diffusamente un'intervista con uno studente che spiega in modo dettagliato che le macchine gli sono sembrate più utili del software per il controllo personale che si può esercitare su di esse. L'esperimento è stato replicato (su dieci sessioni), a Città del Messico, con allievi del grado 11, nel Laboratorio di Matematica dell'Università (Moreno, 2005).

Esperimenti di Città del Messico: grado 10

Obiettivi della ricerca. Gli obiettivi sono simili a quelli degli esperimenti precedenti, ma l'osservazione dei processi (tema centrale della tesi di M. Moreno, 2005) è molto più dettagliata e si studia anche la costruzione delle dimostrazioni. Inoltre si introducono problemi relativi alla composizione di trasformazioni.

Durata. L'esperimento si svolge in sedici sessioni di due ore ciascuna.

Modalità di organizzazione. Ci limitiamo qui a riportare le consegne relative alla composizione di trasformazioni (Fig. 6.8, 6.9 e 6.10).

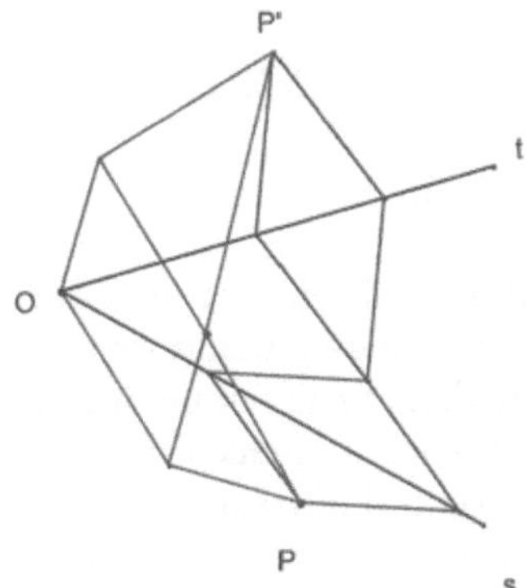

Figura 6.10 composizione di due simmetrie assiali (assi incidenti)

"Macchine Matematiche per trasformazioni

Prima consegna
- *Qual è la composizione di trasformazioni in gioco? Cerca di specificare nel modo migliore le trasformazioni che intervengono nella composizione, così come il risultato di essa.*
- *Cerca di giustificare la tua affermazione circa il risultato della composizione di trasformazioni rappresentata dalla macchina matematica. Che argomenti puoi portare per convincere i tuoi compagni del risultato di questa composizione? Annotalo nella maniera più chiara possibile usando anche uno schema o un disegno, se ti può aiutare.*
- *Considerando gli argomenti che hai presentato per spiegare il risultato della composizione realizzata dalla macchina, cerca di elaborare una prova di questa affermazione, cioè cerca di organizzare i tuoi argomenti in modo che il testo prodotto spieghi in modo soddisfacente la tua affermazione.*

Seconda consegna (nella quale si opera su testi prodotti da un altro gruppo)
- *Considerando l'affermazione prodotta dai tuoi compagni in relazione alla composizione di trasformazioni, che produce la macchina matematica, cercate di elaborare una dimostrazione che questa affermazione è valida. Per fare questo, in primo luogo guardate che cosa avete detto voi stessi a proposito di questa macchina e cercate di affinare nel modo migliore possibile questa affermazione, in modo che sia espressa nella forma di un teorema (ipotesi e tesi) e in modo che si specifichino le condizioni sotto cui vale l'affermazione. Poi cercate di costruire la dimostrazione corrispondente. Potete utilizzare di nuovo il software o la macchina stessa.*

  Teorema:

  ....

  Argomenti che giustificano questo teorema

  ....

  Costruzione della dimostrazione (anche con schemi ausiliari)

  ...."

Risultati. Nella ricerca sono analizzate le diverse strategie messe in opera dagli studenti. C'è una maggiore attenzione verso la costruzione di dimostrazioni a partire dalla produzione di congetture argomentate. La presenza di artefatti di diversa natura (macchine matematiche che rappresentano trasformazioni o composizioni di trasformazioni; l'ambiente Cabri) che incorporano concetti e procedimenti matematici ha favorito l'appropriazione di questi ultimi come strumenti di pensiero. Anche la richiesta di dimostrare una congettura è stata accettata e affrontata con successo, mostrando l'efficacia degli strumenti di pensiero così costruiti.

6.6 Esplorazione di modelli cinematici: la collezione della Cornell

Presso l'Università Cornell, ad Ithaca (NY) è conservata una vasta collezione di oltre 200 modelli cinematici, risalenti a Franz Reuleaux (1829-1905). Reuleaux (1876) aveva costruito nel suo laboratorio di Berlino oltre 800 modelli cinematici, perduti durante la seconda guerra mondiale. La collezione della Cornell è probabilmente la maggiore collezione rimasta, in uso presso diversi corsi dell'Università (design, dinamica, robotica, arte, architettura, storia). Grazie all'opera di David Henderson e Daina Taimina (2005) è stata avviata recentemente un'intensa attività didattica con la possibilità di utilizzare i modelli anche in scuole lontane dal campus. Il materiale in rete è molto interessante. Nel sito[3] sono presenti le schede con fotografie degli oltre 200 modelli della collezione; multimedia che illustrano il movimento dei singoli modelli; serie di lezioni (tutorials) prevalentemente destinate a corsi universitari e un'ampia bibliografia di testi antichi non facilmente reperibili e consultabili in rete. In questa sede ci limitiamo a descrivere uno schema di attività di lungo termine sperimentato con gli studenti più giovani. Una caratteristica molto interessante della proposta è l'attenzione alla dimensione storica, presentata ai ragazzi attraverso gli antichi modelli e riproduzioni di immagini da antichi trattati.

Età degli allievi. L'attività è progettata per studenti dei gradi 7 e 8 per le lezioni di Tecnologia (quella che in Italia si chiama Educazione Tecnica).

Schema dell'attività. L'attività si svolge a scuola, portandovi alcuni modelli e affiancando l'insegnante con animatori del Laboratorio che custodisce la collezione. Solo nella fase 7 è prevista una gita alla Cornell per osservare l'intera collezione.

1. Introduzione. Dopo un'introduzione sulla storia dell'ingegneria, si avvia una discussione con i ragazzi sulle macchine che conoscono. Si introducono quindi le componenti elementari delle macchine secondo la classificazione di Reuleaux.
2. Esplorazione di modelli di ingranaggi e alberi a camme, tratti dalla collezione.
3. Esplorazione di modelli per il disegno delle rette, pompe e giunto universale.
4. Esplorazione di progetti per la realizzazione di macchine nel passato.

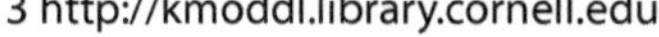

3 http://kmoddl.library.cornell.edu

5. Storia della macchina a vapore e costruzione di sistemi articolati.
6. Gita alla Cornell per visitare la collezione.
7. Progetto individuale o a gruppi di una macchina "inventata" dai ragazzi.
8. Esposizione dei diversi progetti e (in qualche caso) di realizzazioni con strisce di cartone o pezzi del LEGO.

6.7 Alcuni esperimenti didattici sui prospettografi

Lo studio dei prospettografi è abbastanza diffuso nel campo della storia dell'arte, poiché l'aspetto strumentale ha giocato un ruolo essenziale nello sviluppo storico della prospettiva. Un'accurata ricostruzione di molti modelli di strumenti è stata condotta a Firenze sotto la guida di Filippo Camerota, per la mostra *Nel segno di Masaccio: l'invenzione della prospettiva* (2001; vedi anche Capitolo 9 e il sito della mostra[4]). L'eccezionalità della esposizione, nella stanza che si affaccia su piazza della Signoria e Palazzo Vecchio, è sottolineata da Xavier (2003)[5], che tuttavia lamenta l'impossibilità di manipolare gli strumenti.

"*Se pure questa stanza potrebbe essere considerata il momento più alto dell'esposizione, era anche la più frustrante, poiché il desiderio di usare e sperimentare questi strumenti eccezionali era sistematicamente proibita, con nessuna eccezione. Questa situazione, secondo me, ha costituito l'aspetto meno positivo dell'esposizione, poiché ha inibito la realizzazione del suo enorme potenziale didattico.*„

I modelli, dopo la conclusione della mostra agli Uffizi, sono stati trasferiti a Palazzo Vecchio, dove è attivo un Laboratorio del Museo dei Ragazzi[6]. Ecco come è presentato il laboratorio degli strumenti.

"Magnifici apparati prospettici. L'arte come illusione novità

È a Firenze che, nei primi decenni del Quattrocento, viene messa a punto la tecnica della rappresentazione prospettica da artisti quali Brunelleschi, Leon Battista Alberti, Masaccio, Piero della Francesca. Nel laboratorio-atelier, allestito nella Sala sovrastante quella delle Carte Geografiche, si continua idealmente la visita nel Palazzo percorrendo apparati scenografici di grandi dimensioni che rimandano a quelli, magnifici, creati per feste e celebrazioni, tipici del Rinascimento. Qui i temi classici della rappresentazione dello spazio e della

---

4 http://www.imss.fi.it/masaccio/indice.html
5 http://www.nexusjournal.com/reviews_v5n1-Xavier.html
6 http://www.museoragazzi.it/museoragazzi/db36cedt.nsf/home?openform

figura sono stati spettacolarizzati per poter compiere osservazioni e misurazioni in modo ludico e filologico nello stesso tempo, senza diminuire in alcun modo la sorpresa e la meraviglia. Per questo, la sala è stata concepita come una macchina teatrale che si trasforma - di volta in volta - in una grande camera oscura dove è proiettata la sagoma inconfondibile della Cupola del Brunelleschi; in una stanza virtuale dove le pareti esistono solo nello specchio convesso; in un ambiente dove sculture e dipinti si trasformano e dove le ombre hanno una vita propria... in un viaggio scandito dai costanti riferimenti a Palazzo Vecchio e dai confronti con l'attualità, dal cinema alla realtà virtuale, con i loro effetti speciali. Dall'inizio del Quattrocento a oggi, per quasi cinquecento anni, la prospettiva ha avuto un ruolo centrale negli interessi di artisti e matematici. In quanto terra di confine e di contaminazioni fra arte e scienza, questo laboratorio-atelier è il frutto di una progettazione congiunta con l'Istituto e Museo di Storia della Scienza di Firenze.„

Questo Laboratorio, tuttavia, si colloca tra le iniziative di diffusione della cultura (scientifica e artistica) piuttosto che tra le iniziative di natura didattica (questo tema sarà ripreso nel Capitolo 9).

Per la didattica del disegno nella scuola secondaria, in molti libri di testo, si fa riferimento ai prospettografi, ma, raramente, gli strumenti sono presenti davvero e non solo evocati; ancora più raramente si coglie l'occasione per stabilire interessanti collegamenti tra il disegno tecnico e prospettico e la geometria dello spazio. Alcune eccezioni interessanti, se pure non sempre dettagliate, sono presentate nel seguito.

Nel volume di Gilbert (1987), si indica come costruire un prospettografo particolare (griglia di Durer) e si suggeriscono alcuni esercizi. Una descrizione più dettagliata è data da Gherardo Ghelardi (in Ghione, Catastini 2004 - cd-rom allegato) nel testo *Il prospettografo come strumento didattico.* In questo testo si riportano le motivazioni per introdurre il prospettografo nella didattica del disegno; alcune note tecniche sulla costruzione del prospettografo; indicazioni didattiche sull'uso e suggerimenti per introdurre il metodo del disegno in prospettiva per mezzo dei punti di fuga a partire dal metodo dei raggi visuali. Le indicazioni sono precise e ben supportate dall'apparato storico e grafico dell'intero volume.

Un esperimento originale che riguarda studenti non vedenti è descritto da Piochi e Baldeschi (2005). Essi hanno sperimentato la costruzione di strumenti per le proiezioni ortogonali e per la prospettiva centrale in cui possono essere collocati e fissati con velcro modellini di legno di oggetti. Attraverso fili tesi si può esplorare la costruzione delle proiezioni. A tale proposito segnaliamo che un esperimento di utilizzo delle macchine matematiche del nostro Laboratorio è stato appena avviato, in collaborazione con l'Istituto Ciechi Garibaldi di Reggio Emilia che offre la necessaria consulenza tiflologica.

L'indubbio fascino delle anamorfosi, in particolare di quelle catottriche, cioè realizzate con l'utilizzo di specchi, è stato all'origine di esperimenti condotti a livelli scolari diversi, in Italia e all'estero. A puro titolo esemplificativo, citiamo l'esperimento *SPECCHI PIANI E CURVI - percorsi di geometria tra la scuola media e la superiore* (i materiali sono riportati nel sito[7]) svolto a Treviso dagli insegnanti Bruna Gandolfi e Silvano Rossetto.

---

[7] http://www.ittmazzotti.it/rossetto/

7 Didattica nel laboratorio delle macchine matematiche

Nel seguito, presenteremo alcuni esperimenti didattici realizzati sotto la supervisione di collaboratori del Laboratorio delle Macchine Matematiche. Si tratta di esperimenti realizzati da laureande in matematica, per la redazione della tesi di laurea, in classi di scuola secondaria, i cui insegnanti si sono mostrati generosamente disponibili. Questa forma di collaborazione preludeva alle attività di tirocinio messe in opera negli anni successivi all'interno delle Scuola di Specializzazione per l'Insegnamento nella Scuola Secondaria. In molti esperimenti sono previste fasi di valutazione.

Tali esperimenti, collegati e confrontati con esperimenti realizzati in altri paesi (e descritti del Capitolo 6), hanno consentito, qualche anno dopo, di redigere due unità didattiche per il progetto SeT, lanciato nel 1999 dal MIUR. Due unità didattiche, *Curve e curvigrafi* e *Trasformazioni*, sono state pubblicate su internet nel progetto *Modellizzazione matematica elementare e approccio alle teorie in ambito matematico e scientifico*[1], accompagnate dalla produzione di kit di lavoro per le scuole. I kit, che contengono 5 copie di ogni macchina utilizzata, consentono di suddividere la classe in piccoli gruppi che operano con lo stesso strumento e possono quindi confrontare alla fine i loro elaborati.

L'attività si è rivelata molto produttiva e dal gennaio 2005 è realizzata anche nel Laboratorio delle Macchine Matematiche di Modena, per gruppi di studenti accompagnati dai loro insegnanti.

Conclude il capitolo una breve presentazione di alcuni tipi di simulazioni schematiche o semirealistiche, che consentono di esplorare il funzionamento di queste macchine anche quando il modello fisico non è presente.

7.1 Strumenti e trasformazioni

L'esperimento qui presentato è stato svolto presso il Liceo Scientifico "Aldo Moro" di Reggio Emilia, durante la preparazione della tesi di laurea (laureanda Cinzia Villani, a.a. 1995/1996; relatrice M. G. Bartolini Bussi). In questo caso, lo studio dei sistemi articolari a due gradi di libertà che permettono di realizzare isometrie è stato preceduto da una raccolta di informazioni sulle conoscenze che gli studenti avevano relativamente ai sistemi articolati e alle isometrie.

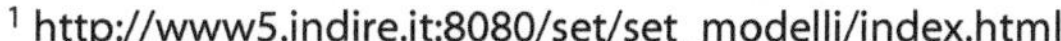

[1] http://www5.indire.it:8080/set/set_modelli/index.html

Età degli allievi. L'esperimento riguarda una classe prima del liceo scientifico.

Obiettivi della ricerca. In questo lavoro, l'attività sugli strumenti a due gradi di libertà (per realizzare trasformazioni piane, vedi Capitolo 1 paragrafo 10) si intreccia con la riflessione su sistemi articolati presenti nella vita quotidiana (metro snodabile, carrello elevatore, ecc.). La ricerca mira a verificare se, attraverso un'attività guidata sui sistemi articolati per realizzare trasformazioni, si osserva un'evoluzione nei processi di produzione di congetture e costruzione di dimostrazioni, che può essere reinvestita nell'analisi del funzionamento di oggetti della vita quotidiana.

Durata. L'esperimento è durato alcune settimane.

Ambiente e strumenti utilizzati. Nel corso dell'esperimento sono stati utilizzati disegni di oggetti presi dalla vita quotidiana. Inoltre sono state proposte attività su strumenti tradizionali (la squadretta a triangolo rettangolo isoscele per la simmetria assiale, vedi Fig. 7.1) e su sistemi articolati per realizzare simmetrie assiali, traslazioni, simmetrie centrali.

Modalità di organizzazione. Nell'esperimento sono state utilizzate modalità organizzative diverse:

- Compilazione individuale (a casa) di un questionario per la raccolta di informazioni sulle conoscenze relative alle isometrie in geometria e ai sistemi articolati e al loro funzionamento nella vita quotidiana.
- Studio di strumenti (macchine matematiche) per la realizzazione di isometrie con alternanza di lezione frontale (introduzione e conclusione) e lavoro di piccolo gruppo guidata da una scheda (esplorazione di una macchina particolare).
- Spiegazione del funzionamento di un sistema articolato preso dalla vita reale, con argomentazioni, nella forma di prova individuale.

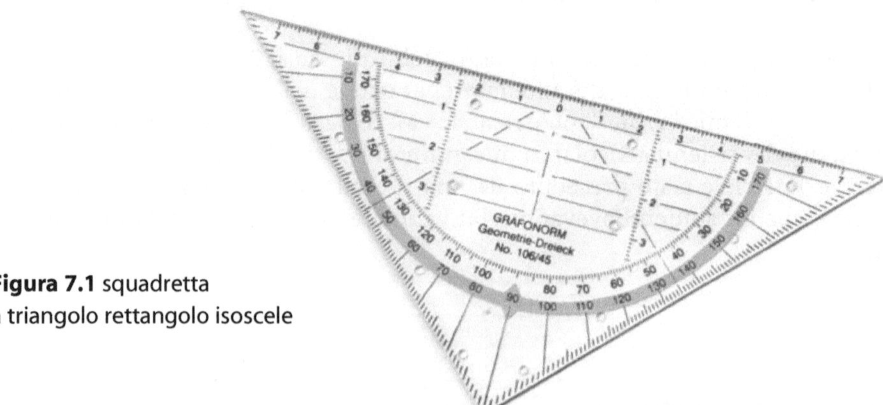

Figura 7.1 squadretta a triangolo rettangolo isoscele

Lo studio delle macchine è guidato dalla seguente scheda:

"*Osservate lo strumento che vi è stato consegnato.*

1. *Descrivetelo per iscritto qui sotto, in modo che sia possibile costruirne uno simile unicamente sulla base della vostra descrizione. Potete usare disegni e/o parole.*
2. *Quando lo strumento si deforma si ha una corrispondenza tra i punti P e P' (segnati sullo strumento). Provate a descrivere tale corrispondenza usando, se vi servono, i concetti di simmetria assiale, simmetria centrale e traslazione e quanto altro avete studiato in geometria.*
3. *Giustificate quanto avete detto al punto 2, usando le proprietà dei quadrilateri che avete già studiato in geometria.*
4. *Esaminate i casi limite e descrivete le configurazioni che li realizzano.*„

Risultati. Alcune osservazioni "dal vivo" hanno mostrato un'esplorazione molto ricca, che non trova corrispondenza nella redazione scarna delle risposte scritte. Il tempo maggiore è stato dedicato alle prime due domande. In accordo con le fasi descritte da Pedemonte (Capitolo 5 paragrafo 5), le argomentazioni implicitamente usate per difendere la congettura prodotta sono poi utilizzate per costruire la dimostrazione. Contrariamente alle previsioni, lo studio dello strumento per la simmetria centrale è risultato più facile dello studio del traslatore. Le congetture prodotte sono corrette come pure le dimostrazioni; corretta è anche l'analisi dei casi limite. In questo problema si è notato un notevole aumento degli studenti che provano a produrre una giustificazione rispetto a quelli del questionario iniziale (16 su 18, rispetto ai 7 su 18 del problema del cestino da lavoro e agli 11 su 18 del problema del sottopentola). In questo problema, inoltre, l'argomento fornito ha il formato della dimostrazione, come richiesto. Metà degli studenti sono in grado di produrre una dimostrazione pressoché completa della proprietà, seguendo copioni dimostrativi, che articolano in modi diversi le proprietà dei parallelogrammi. Sembra quindi che l'esperienza maturata nel lavoro di gruppo abbia risvolti positivi, se pure limitati dalla breve durata dell'esperimento.

7.2 Un approccio sperimentale allo studio delle isometrie

Questo esperimento è stato condotto nell'ambito del Progetto Collaborativo di ricerca "Innovazione in Didattica della Matematica: la funzione degli strumenti" tra il MIUR ed il Dipartimento di Matematica dell'Università di Modena e Reggio Emilia. L'esperimento è stato svolto nel Liceo Classico "G.Pico" di Mirandola (MO) (insegnante: Anna Lina Bonetti; supervisore: Marco Turrini; coordinatore scientifico: M. G. Bartolini Bussi).

Età. L'esperimento riguarda una classe prima del liceo classico con sperimentazione Brocca ad indirizzo linguistico.

Obiettivi. L'obiettivo era quello di sperimentare un percorso didattico per l'approccio delle isometrie mediante l'uso di strumenti, tecnologici e non. Quanto proposto si inserisce nel percorso formativo della classe interessata.

Durata. Gli incontri erano a scadenza settimanale con i seguenti tempi (secondo quadrimestre): 2-3 unità orario (u.o. di 50 minuti) per l'introduzione all'esperimento, 2 u.o. al personal computer per ogni isometria con relativa discussione (circa 10 u.o.), 2 u.o. per il disegno in classe, 8 u.o. per il laboratorio di macchine matematiche (2 per ogni macchina) e 1-2 u.o. per la sistemazione del lavoro e discussione finale.

Ambiente e strumenti utilizzati. Nell'esperimento sono stati utilizzati quattro tipi di macchine matematiche: traslatore, sistema articolato per la simmetria centrale, sistema articolato per la simmetria assiale e pantografo del Sylvester per la rotazione. Le attività sulle macchine sono state precedute da attività nell'ambiente Cabri.

Modalità di organizzazione. Gli studenti hanno lavorato soprattutto in gruppo, anche se non sono mancati momenti di lavoro individuale.

Il percorso proposto era basato sull'unità didattica elaborata nell'ambito del progetto SeT (Unità O *Trasformazioni*) ed era strutturato in quattro fasi, di cui la quarta prevedeva l'uso delle macchine. Brevemente, la prima fase riguardava la lettura critica della parte del libro di matematica sulle trasformazioni geometriche; nella seconda fase gli studenti hanno affrontato lo studio della quattro isometrie nell'ambiente Cabri; nella terza fase sono stati indotti a rappresentare nell'ambiente carta/matita quanto avevano svolto al computer.

IV fase. Uso delle macchine. L'attività sulle macchine è guidata da tre schede. La prima scheda per l'approccio alla macchina serviva da collegamento con quanto già esplorato nell'ambiente Cabri ed aveva la seguente struttura:

1. Eseguire uno schizzo (anche a mano libera) della macchina.
2. Usare la macchina tracciando qualche disegno (il trasformato di un punto, di un segmento, di una semplice figura piana...) e riportare un disegno significativo nell'apposita casella.
3. Controllare le proprietà geometriche (ad esempio, il parallelismo).
4. Riconoscere l'isometria già studiata con il software Cabri e proporre una definizione.

La seconda scheda era centrata sulla definizione delle trasformazioni proposte come corrispondenze biunivoche.

La terza scheda aveva lo scopo di guidare gli studenti ad osservare e ad analizzare la macchina, a comprenderne il suo funzionamento ed a determinare le regioni messe in corrispondenza. In particolare, essa contiene:

1. Una foto della macchina associata ad un testo da completare:

"La macchina è formata da n° ...... aste, di cui una è fissa al piano. Le aste formano una figura formata da due .... aventi un lato in comune. (nella figura l'asta fissa è il segmento .... ed il lato comune è il segmento ....). Durante il movimento la figura si deforma, tuttavia resta sempre formata da due ...."

2. Una tabella di osservazioni da compilare su invarianti e varianti.

3. Domande per studiare le regioni messe in corrispondenza (qui sotto è riportata la scheda per il traslatore):

"Inoltre: qual è il campo d'azione della macchina che hai sul banco? Tutto il piano o solo un semipiano? .... Quale esattamente? ....

Se l'asta fissa è alla tua sinistra, fino a che distanza può operare, a destra, la macchina? (puoi rispondere fornendo una misura oppure spiegando, a parole, a cosa corrisponde la distanza) ....

In alto e in basso fino a che distanza può operare la macchina? (stesse indicazioni per rispondere) ....

Qual è l'asta della macchina che rappresenta il vettore della traslazione? ....

Quindi con questa macchina quante traslazioni posso attuare? ....

Che modifiche apportare in questa macchina per avere un'altra traslazione? ....

Quali sono le zone di piano messe in corrispondenza dalla macchina? (al massimo fino a dove può arrivare P? .... descrivendo cosa? ....

E il punto tracciatore Q? ...."

Risultati. Per quanto riguarda la fase di lavoro con le macchine, sono state rilevate alcune iniziali difficoltà di manipolazione. Essa si è rivelata importante per mettere in evidenza alcune proprietà delle trasformazioni geometriche incontrate. La risposta degli studenti in termini di attenzione, partecipazione, interesse ed assimilazione dei contenuti è andata oltre le aspettative dell'insegnante, che ha positivamente valutato questa sua prima esperienza di laboratorio di matematica, annotando allo stesso tempo gli aspetti da migliorare per una successiva riproposta dell'attività. Un fattore di successo è stato il fatto di aver distribuito le ore di lavoro nell'arco di tempo di un quadrimestre: questo ha permesso di lasciare spazio a riflessioni e reazioni sulle risposte fornite dalla classe e di adeguare il lavoro in base ai ritmi della classe stessa e al programma da svolgere.

7.3 Il pantografo di Sylvester

L'esperimento qui presentato è stato realizzato presso il Liceo Scientifico "A. Tassoni" di Modena (laureanda: Claudia Cavani; relatrice M. G. Bartolini Bussi; insegnante ricercatore: Marcello Pergola). L'esperimento, durato oltre quattro mesi, ha riguardato l'uso didattico di diverse macchine matematiche. Nel corso dell'esperimento, alcune sessioni sono state dedicate al pantografo di Sylvester (vedi Capitolo 1 paragrafo 10).

Età degli allievi. L'esperimento riguarda una classe terza del liceo scientifico.

Obiettivi della ricerca. Questa ricerca si proponeva di esplorare i processi di produzione di congetture e costruzione di dimostrazioni nel campo di esperienza degli strumenti per le isometrie. Al momento della realizzazione, gli studi sulla didattica della dimostrazione non erano molto sviluppati. Anche questo studio ha contribuito a chiarire alcuni nodi cruciali di tali processi e può quindi essere riletto alla luce delle ricerche più recenti.

Durata. L'esperimento è durato complessivamente quattro mesi, nei quali, per alcune settimane, sono stati utilizzati in attività di piccolo gruppo vari strumenti per le isometrie.

Ambiente e strumenti utilizzati. Nella parte dell'esperimento che ci interessa presentare in questa sede, è stato osservato un piccolo gruppo di studenti alle prese con un pantografo di Sylvester.

Modalità di organizzazione. Nell'esperimento sono state utilizzate modalità organizzative diverse:

- Introduzione storica (lezione frontale) che, prendendo l'avvio dal compasso, presenta un linguaggio condiviso sui sistemi articolati (es. la nozione di grado di libertà) ed alcuni semplici esempi.
- In piccolo gruppo, esplorazione, produzione di congetture e costruzione di dimostrazioni su un sistema articolato (il pantografo di Sylvester nel caso del gruppo osservato), guidati da una scheda predisposta dall'insegnante.
- In una lezione condotta dall'insegnante con la partecipazione di studenti capogruppo, presentazione dei risultati dei piccoli gruppi.
- A casa, con un elaborato individuale, redazione dei testi delle dimostrazioni costruite in classe.

La scheda per lo studio del pantografo è la seguente:

Prima parte

"1. *Rappresentate il meccanismo che vedete sul tavolo con una figura schematica e descrivetelo in modo che sia possibile costruirne uno simile sulla sola base della vostra descrizione.*

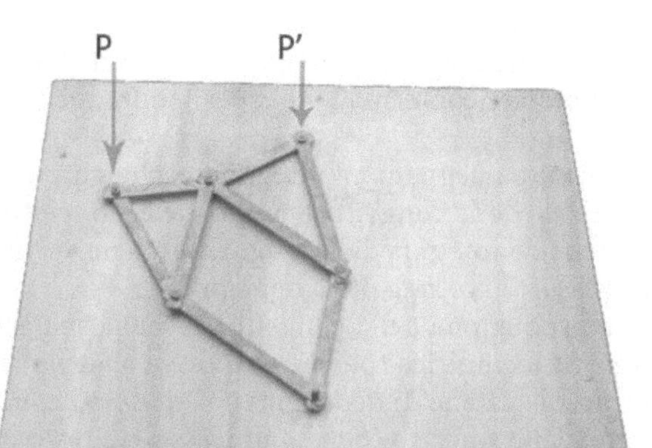

Figura 7.2 pantografo di Sylvester

2. *Quanti gradi di libertà possiede il punto P? Disegnate l'insieme R descritto da P durante la deformazione del sistema meccanico. Scegliete i parametri che determinano la posizione di P.*

3. *Quanti gradi di libertà possiede il punto P'? Disegnate l'insieme R' descritto da P durante la deformazione del sistema meccanico. R ed R' hanno punti in comune? Scegliete i parametri che determinano la posizione di P' (possono essere usati gli stessi del punto 2)?*

4. *Ci sono proprietà geometriche comuni a tutte le configurazioni che il meccanismo assume durante il suo moto? Cercate di dimostrare le vostre affermazioni.„*

Seconda parte

"5. *Si può dire che il meccanismo stabilisce una corrispondenza biunivoca R → R' (nel senso che ad ogni punto di R fa corrispondere un punto di R' e viceversa)?*
6. *Supponendo che P e P' siano due punte scriventi, disegnate due figure che si corrispondono nella R → R'. (Le due figure sono tracciate contemporaneamente? Le caratteristiche del movimento utilizzato – velocità, accelerazione, ecc. – influiscono sul risultato finale?*

7. *Quali sono le proprietà comuni alle figure tracciate nel punto 6? Sono figure sovrapponibili? Esiste un movimento semplice che le sovrappone? Descrivetelo.*

8. *Il movimento da voi individuato sovrappone anche R ed R'?„*

Risultati. L'analisi dei dati raccolti nella classe mette in luce diversi aspetti interessanti, che sono stati confermati in esperimenti successivi. Tra questi sottolineiamo:

- La modifica del ruolo assegnato all'insegnante, che non è ritenuto l'unico custode della validità delle congetture proposte: la congettura prodotta da uno studente, anche se accettata dall'insegnante, viene verificata sullo strumento prima di essere accettata dai compagni.
- L'intreccio, nella produzione della congettura e nella sua argomentazione, tra elementi di natura empirica (percezione visiva o tattile) con elementi di natura logica (piccole catene di deduzioni da enunciati condivisi).
- La conservazione delle tracce di questo processo nel testo di dimostrazione costruito.

Questo caso rientra a pieno titolo tra i casi di continuità (Capitolo 5 paragrafo 5) cognitiva studiati da Pedemonte. Nella costruzione della continuità deve essere indubbiamente considerato l'aiuto offerto dall'insegnante, che sistematicamente nei momenti di stallo interviene nel piccolo gruppo ricostruendo la dialettica tra l'oggetto fisico e il suo modello mentale.

7.4 Studio di ellissografi

Questo esperimento è stato realizzato presso il Liceo scientifico "G. Ferrari" di Torino (laureanda Elisa Postiglione; relatrice M. G. Bartolini Bussi; osservatori: Elisa Postiglione e Federica Olivero). L'esperimento è stato ispirato dagli studi svolti in ambiente Cabri.

Età degli allievi. L'esperimento riguarda una classe terza del liceo scientifico.

Obiettivi della ricerca. Lo studio si proponeva di verificare se alcuni processi osservati in ambiente Cabri da Arzarello e collaboratori (Arzarello e al., 1998), relativi alla dialettica tra controllo ascendente e controllo discendente potevano essere ritrovati anche esplorando curvigrafi. In breve, il *controllo ascendente* è la modalità in cui il risolutore, guardando una figura o uno strumento, cerca fra le sue conoscenze quella che può essere utilizzata in quel caso e produce una congettura. Il *controllo discendente* è la modalità in cui il risolutore, avendo già prodotto una congettura, usa le sue conoscenze per validarla. È una "discesa" dalla teoria alla pratica.

Durata. La sessione di lavoro dura due ore.

Ambiente e strumenti utilizzati. Nello studio sono stati usati due particolari ellissografi a barra con guide ortogonali (l'ellissografo di Proclo e l'ellissografo di van Schooten), portati a Torino dal Laboratorio delle Macchine Matematiche di Modena.

Modalità di organizzazione. Due gruppi di studenti, ciascuno assegnato ad un osservatore, studiano le macchine, mentre il resto della classe, pure diviso a gruppi, studia copie in cartone degli stessi strumenti realizzati dall'insegnante. Agli studenti è data la consegna:

"*La punta tracciante descrive un arco durante il movimento della macchina. Di che curva si tratta? Fate una congettura fornendo elementi a sostegno di essa. Siete in grado di dare una dimostrazione della vostra congettura?*„

Risultati. Nel processo si assiste ad un'alternanza di fasi di controllo ascendente e discendente strettamente concatenati. Così, una volta generata la congettura che la curva è un'ellisse (controllo ascendente), gli studenti cercano tra i loro appunti la definizione metrica (controllo discendente). Per usare la definizione metrica è però necessario trovare la posizione dei fuochi (controllo ascendente) che viene sottoposta a verifica per alcuni punti della curva (controllo discendente). Quando la verifica fallisce, di nuovo la teoria conosciuta è messa in pratica per costruire l'ascissa dei fuochi (controllo discendente), che è poi di nuovo sottoposta a verifica. Naturalmente la verifica eseguita su 3 punti non è sufficiente a "dimostrare". Qui è essenziale il ruolo dell'insegnante che ricorda il significato di dimostrazione e poi suggerisce un cambiamento di quadro (da sintetico ad analitico), per favorire la messa in opera delle conoscenze degli studenti (equazione in forma canonica). Il sistema di riferimento non è "generico", ma vincolato allo strumento e alle sue simmetrie (come del resto accadeva in Descartes, vedi Capitolo 1 paragrafo 6). Per concludere, osserviamo che il processo messo in opera da questi studenti non è molto diverso da quello documentato da Dennis (vedi Capitolo 6 paragrafo 3). Questo mostra che l'esplorazione nella situazione della coppia (adulto / studente) è riproducibile nel piccolo gruppo con solo occasionali interventi dell'insegnante.

7.5 Modelli virtuali di curvigrafi e pantografi

Nel cd-rom allegato a questo libro sono presentati modelli virtuali di macchine matematiche, realizzati con software diversi.

L'utilizzo didattico può essere di vario tipo:

1. Presentazione da parte dell'insegnante, nel corso di una lezione dalla cattedra (schermo come lavagna dinamica).
2. Esplorazione da parte degli studenti di una macchina virtuale per produrre congetture e costruire le relative dimostrazioni.
3. Ricostruzione da parte degli studenti dell'animazione di una macchina (macchina virtuale) a partire dall'osservazione di un modello reale o di un progetto (con immagini e testi) o di un'altra animazione già prodotta.

Il software di geometria dinamica Cabri può essere usato sia nelle fasi di progettazione delle macchine (per studiare, ad esempio, le dimensioni ottimali della tavola base su cui disegnare le curve, le posizioni dei perni e dei punti fissi) sia nella fase di illustrazione del movimento in tutte quelle occasioni in cui il modello fisico non è disponibile. L'animazione permette esplorazioni non sempre realizzabili fisicamente (senza i tempi e i costi aggiuntivi della ricostruzione dello strumento), quali per esempio spostamenti di perni, variazione della lunghezza delle aste; il software impone tuttavia qualche indagine e riflessione sulle sue modalità che implicano strategie particolari per simulare meccanismi semplici dal punto di vista materiale.

L'animazione in Cabri di un parallelogramma articolato

Con quattro aste uguali a due a due si possono costruire:
- Un parallelogramma che durante la deformazione resti sempre convesso.
- Un parallelogramma che durante la deformazione assuma anche (dopo aver superato un punto morto) la configurazione di poligono intrecciato (*antiparallelogramma*).
- Un antiparallelogramma che resti sempre intrecciato.

Nel modello reale, per differenziare i tre prodotti è necessario introdurre spessori che limitino il movimento. A ciascuno di questi casi corrisponde una diversa animazione che utilizzerà proprietà geometriche diverse delle tre figure.

Se l'animazione deve essere costruita dagli studenti con lo scopo di consolidare e verificare quanto già scoperto nella fase euristica sulle macchine, è opportuno che la macchina sia dapprima simulata applicando le proprietà geometriche che si "osservano" direttamente sull'oggetto reale: ad esempio, per un rombo articolato una condizione necessaria e sufficiente per la costruzione materiale è l'uguaglianza dei lati. Spesso, tuttavia, questo metodo "diretto" non produce simulazioni accettabili: generalmente ciò accade perché se in una costruzione c'è da scegliere un punto tra quelli ottenuti intersecando due oggetti (una retta e un cerchio; due cerchi), il software, durante il movimento degli oggetti che si intersecano, "sceglie" la soluzione con criteri non controllabili dall'esecutore (per esempio quella più in alto). La mano, invece, può "imporre" con un piccolo sforzo, il superamento di un punto "morto": dal punto di vista geometrico ciò corrisponde alla scelta alternata dell'uno e dell'altro dei due punti di intersezione o allo scambio delle posizioni reciproche dei due centri. Questo fenomeno si osserva nel file relativo al caso dell'antiparallelogramma che resta sempre intrecciato.

L'animazione in Cabri dei pantografi

Nell'animazione dei pantografi occorre fissare:
- I parametri dello strumento (lunghezza delle aste, eventuali scanalature o perni fissi...).
- Il puntatore (o punto direttore).
- Il tracciatore.

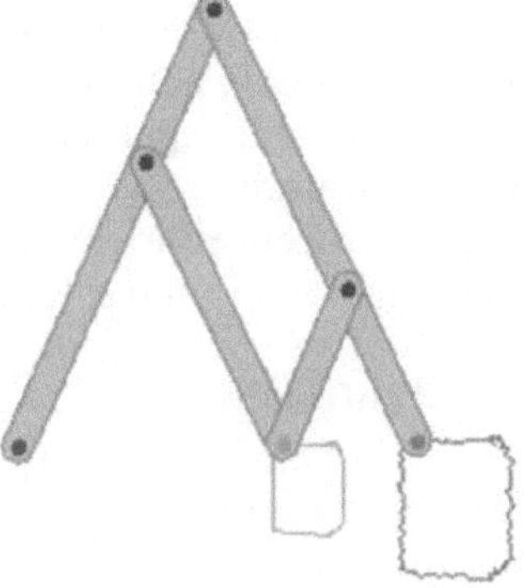

Figura 7.3 pantografo di Scheiner

Nelle macchine reali il punto direttore e il punto tracciatore possono, di solito, essere scambiati. Si pensi ad esempio al caso del pantografo di Scheiner (Fig. 7.3) che può essere usato per ingrandire o per ridurre.

Nelle macchine virtuali il punto direttore e il punto tracciatore non sono interscambiabili: il loro ruolo deve essere definito all'inizio dell'animazione. Il punto direttore deve essere definito come un punto libero (cioè con 2 gradi di libertà), mentre il punto tracciatore sarà definito in seguito, come prodotto della costruzione. Il suo moto (e la sua traiettoria, di conseguenza) sarà determinato (come variabile dipendente) dal moto del punto direttore (variabile indipendente).

I pantografi stabiliscono una corrispondenza fra due regioni di piano limitate. Mentre i pantografi materiali si bloccano quando si cerca di far raggiungere al punto direttore zone inaccessibili, quelli virtuali hanno comportamenti diversi. Trascinando il punto direttore oltre i confini della regione accessibile, alcune aste possono sparire o dare luogo a strane configurazioni. Ad esempio (file: sao.fig) se si simula un sistema articolato per simmetria assiale assumendo come asse una retta e utilizzando il compasso per costruire le aste, il sistema articolato sparirà quando il puntatore si allontana dall'asse di una distanza maggiore della lunghezza delle aste, conserverà solo due aste (e non ci sarà più il punto Q) quando P si sposta nel semipiano inferiore all'asse di simmetria (cosa che nella realtà di solito non accade). Per costruire un'animazione il più possibile aderente alla realtà si possono utilizzare alcune strategie diverse caso per caso. Si vedano alcuni esempi nel cd-rom (files: sa1.fig, sa2.fig, sa3.fig).

L'animazione in Cabri dei curvigrafi

Anche nel caso dei curvigrafi occorre scegliere il punto (direttore) che piloterà l'intero meccanismo. La scelta richiede una osservazione delle proprietà geometriche del sistema. Scelte diverse portano a prodotti diversi. Si veda, ad esempio il file: evs.fig.

Nella simulazione realistica di un curvigrafo, occorre limitare il percorso del punto direttore vincolandolo a un segmento o ad un arco di circonferenza, per impedire che il meccanismo "sparisca" in corrispondenza di configurazioni impossibili (file: guidarett.fig)

Quasi sempre il punto direttore appartiene al meccanismo, ma in alcuni casi è più conveniente assumere un punto esterno (file: eaf.fig).

Simulazioni con altri software

Oltre a Cabri, esistono altri programmi, con finalità professionali e/o didattiche, che consentono di realizzare o di utilizzare a scuola ambienti virtuali dinamici. Nel nostro gruppo abbiamo utilizzato, oltre alle varie versioni di Cabri, Cinderella, Geometer's Sketchpad, Microstation e Cinema4D. Abbiamo inoltre usato il linguaggio di programmazione ad oggetti Java, per realizzare simulazioni interattive (vedi sito[2] del *Theatrum Machinarum*).

Cabri, Cinderella e Geometer's Sketchpad hanno un'interfaccia rivolta all'utente molto gradevole e facile da usare; sono per certi aspetti simili anche se differiscono per alcune caratteristiche (un confronto schematico tra i tre software – e molti altri – è disponibile[3]). I prodotti realizzati sono schematici e mettono in evidenza la struttura geometrica dello strumento.

Microstation e Cinema4d producono, invece, animazioni fotorealistiche. Vedremo nel Capitolo 8 paragrafo 5 alcune animazioni fotorealistiche di prospettografi.

7.6 Uso didattico di strumenti virtuali

In questo paragrafo vogliamo approfondire il confronto tra le animazioni prodotte con Cabri (e simili) e le animazioni interattive prodotte in Java, dal punto di vista didattico. Java è un linguaggio di programmazione ad oggetti. Per la realizzazione del cd-rom è stato progettato un package (*MathMachine©*), che contiene, come una scatola di meccano virtuale, gli oggetti elementari utilizzati per costruire le simulazioni delle diverse macchine (giunti o perni; aste; corde; scanalature). Ogni applet che contiene una macchina accede alle classi del package con una semplice istruzione di *import*. Questo consente di scrivere per ciascuna macchina solo la parte di codice che la differenzia dalle altre. Nonostante ciò, la costruzione di animazioni con Java è abbastanza complessa, per chi non sia esperto di programmazione. Mentre il compito di costruire un'animazione Cabri può essere alla portata di studenti di scuola superiore, la costruzione di un'animazione Java richiede competenze professionali.

---

[2] http://www.mmlab.unimore.it

[3] http://encyclopedia.laborlawtalk.com/Interactive_geometry_software

Sulle animazioni già pronte in Cabri o in Java è possibile compiere esplorazioni, per certi aspetti, simili a quelle che si possono compiere sulle macchine reali, e, per altri aspetti, estremamente diverse. È simile la possibilità di esplorazione attraverso il moto dei punti direttori, anche se, non sempre i vincoli meccanici di una particolare realizzazione della macchina reale sono rispettati. C'è maggiore flessibilità, poiché, in entrambi i casi, si può in modo semplice, modificare alcuni parametri dello strumento (usando l'interfaccia grafica o modificando i parametri digitali), costruendo, a partire dalla stessa simulazione, una intera famiglia di strumenti virtuali.

È interessante sottolineare alcune differenze tra i due ambienti virtuali Cabri e Java *MathMachine*©. L'ambiente Cabri si presta a due utilizzi diversi e complementari: è lo spazio della simulazione su cui muovere la macchina virtuale e la lavagna dinamica su cui eseguire costruzioni ausiliarie. Proprio questa sua duplicità può dare qualche problema didattico: lo studente può, forse troppo facilmente, modificare l'animazione iniziale, distruggendo la macchina virtuale, e cambiare quindi i termini del problema. In Java *MathMachine*© non

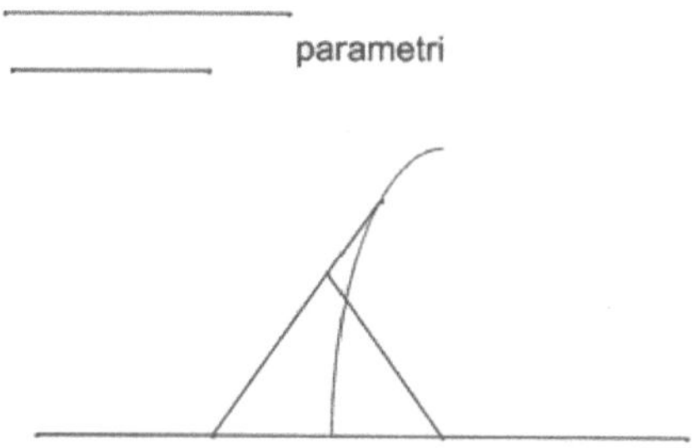

Figura 7.4 simulazione con Cabri

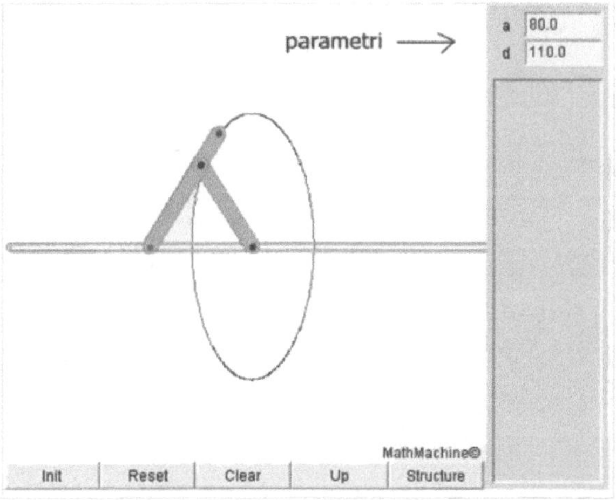

Figura 7.5 simulazione Java

è invece possibile compiere costruzioni aggiuntive. Sotto questo aspetto, la macchina Java è indistruttibile, anche se è messa in moto da utenti del tutto inesperti. In entrambi i casi, la facilità a tradurre in esperimento reale il progetto di un esperimento mentale può facilmente spostare l'attenzione degli studenti sulle verifiche solo empiriche, creando le premesse perché la fase (necessaria) di dimostrazione sia rifiutata dagli studenti.

L'uso di modelli virtuali nella didattica è stato documentato nel Capitolo 6: in quasi tutti gli esperimenti considerati, la manipolazione di modelli fisici si accompagna all'esperienza con modelli virtuali, realizzati con un software di geometria dinamica. Nell'esperienza di Ruttkay (Capitolo 6 paragrafo 1), si sono anche costruite animazioni Java di strumenti, simili a quelle realizzate per il *Theatrum Machinarum*.

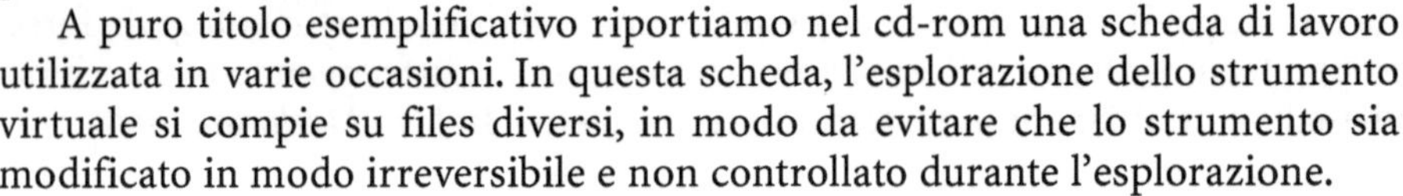

A puro titolo esemplificativo riportiamo nel cd-rom una scheda di lavoro utilizzata in varie occasioni. In questa scheda, l'esplorazione dello strumento virtuale si compie su files diversi, in modo da evitare che lo strumento sia modificato in modo irreversibile e non controllato durante l'esplorazione.

8
Didattica nel laboratorio delle macchine matematiche: prospettografi e macchine mentali

In questo capitolo ci proponiamo di presentare alcuni esperimenti didattici coordinati dal Laboratorio delle Macchine Matematiche. Le macchine vere e proprie sono i prospettografi e le macchine di Stevin. Abbiamo tuttavia incluso anche esperimenti sulle sezioni coniche, cioè sull'approccio tridimensionale alle coniche, per due buone ragioni. La prima ragione è di natura storica: la teoria tridimensionale delle coniche, praticata fin dall'antichità, è stata sempre presente nella tradizione matematica e ha fornito il primo terreno di esercizio della nuova geometria proiettiva, quando Desargues ha introdotto un nuovo punto di vista fortemente influenzato dalle macchine per la prospettiva. La seconda ragione è di natura cognitiva: quando gli studenti esplorano direttamente su modelli la teoria tridimensionale delle coniche, essi sono forzati a mettere in movimento l'oggetto, compiendo autentici esperimenti mentali e trasformando modelli statici in macchine dinamiche. Quasi tutti gli esperimenti di lungo termine prevedevano una parte di valutazione.

Conclude il capitolo una breve presentazione di alcuni tipi di animazioni che consentono di presentare il funzionamento di queste macchine anche quando il modello fisico non è presente.

8.1 Il prospettografo nella scuola elementare

Questo esperimento è stato realizzato in una scuola elementare (progettazione dell'esperimento: M. G. Bartolini Bussi, M. A. Mariotti, F. Ferri; insegnante ricercatore: Franca Ferri; osservatore: Simona Vangelisti) (vedi Bartolini Bussi e coll., 2005).

Età degli allievi. L'esperimento si è svolto in quarta e quinta elementare.

Obiettivi della ricerca. Lo studio si proponeva di validare due ipotesi di ricerca suggerite da precedenti studi sulla mediazione semiotica:

- Prima ipotesi (polisemia): la polisemia intrinseca dell'artefatto favorisce la produzione di una polifonia di voci, nell'attività di classe (per le nozioni di polisemia e polifonia rinviamo rispettivamente al Capitolo 4 paragrafo 1 e al Capitolo 5 paragrafo 2).
- Seconda ipotesi ("embodiment"): la concretezza degli artefatti favorisce la produzione di gesti, disegni, metafore, che sono conservati anche durante l'uso di artefatti secondari ed oltre (per la nozione di "embodiment" rinviamo al Capitolo 4 paragrafo 4; per la nozione di artefatto secondario, rinviamo al Capitolo 4 paragrafo 1).

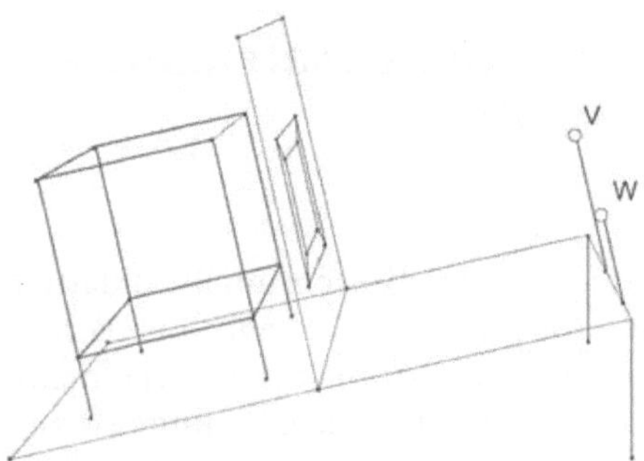

Figura 8.1 vetro di Dürer con prospettiva di un traliccio cubico

Durata. L'esperimento è durato circa un anno, con inizio negli ultimi mesi di scuola della quarta e termine nella primavera dell'anno successivo.

Ambiente e strumenti utilizzati. L'esperimento si è svolto in ambienti diversi: la classe, il laboratorio informatico, l'allestimento della mostra *Perspectiva Artificialis* a Modena (2003; vedi Capitolo 9 paragrafo 3). Nella classe, oltre a testi ed immagini ripresi da antichi trattati di Alberti, Dürer ecc., sono stati portati (per alcune settimane in quarta elementare) un modello di vetro del Dürer (vedi Fig. 8.1) e (per alcuni mesi in quinta elementare) un modello di piramide visiva.

Modalità di organizzazione. Come in ogni esperimento di lungo termine, si sono adottate varie modalità organizzative: lavoro individuale (produzione di testi, disegni; soluzione di problemi; esplorazione di animazioni al calcolatore); lavoro in piccolo gruppo (progettazione di strumenti); discussione matematica orchestrata dall'insegnante (vedi Capitolo 5 paragrafo 2); visita guidata alla mostra *Perspectiva Artificialis.*

Risultati. Le due ipotesi sono state validate, attraverso l'analisi di protocolli individuali (testi o disegni), di trascrizioni di discussioni collettive, di analisi di videoriprese effettuate nella classe. La quantità di dati raccolti (ancora in parte da analizzare) ha consentito di studiare nel dettaglio alcuni processi, come il ruolo della gestualità nella costruzione del significato di piramide visiva e l'interpretazione del funzionamento di strumenti non conosciuti e presentati agli allievi con animazioni fotorealistiche (vedi paragrafo 6).

8.2 Le macchine di Stevin

Questo esperimento è stato realizzato presso il Liceo Scientifico "L. Spallanzani" di Reggio Emilia durante la preparazione di una tesi di laurea (laureanda: Annalisa De Giorgio; relatrice: M. G. Bartolini Bussi).

Età degli allievi. L'esperimento si è svolto in quarta liceo scientifico.

Obiettivi della ricerca. Lo scopo è quello di definire e sperimentare un'unità didattica sull'introduzione delle affinità.

Durata. L'esperimento si è svolto in alcune settimane, alternando problemi individuali ad una lezione frontale con il supporto di uno strumento.

Ambiente e strumenti utilizzati. L'esperimento si è svolto in classe, utilizzando una macchina di Stevin a fili paralleli, in cui, cioè, l'osservatore ideale è posto a distanza infinita.

Modalità di organizzazione. Si sono svolte tre sessioni:
- Soluzione individuale di problemi sulle ombre solari.
- Lezione frontale con presentazione della macchina, interpretata come modello fisico dell'ombra solare, fino alla costruzione guidata del sistema di equazioni che rappresenta l'affinità in un opportuno sistema di riferimento.
- Verifica (individuale) con proposta di una situazione problematica critica sulle ombre solari e di un esercizio standard sulle affinità nel quadro analitico.

Riportiamo qui la traccia del problema critico sulle ombre solari, rinviando al cd-rom per ulteriori dettagli.

"*Il problema*
Lo schizzo [Fig. 8.2] *rappresenta in sezione una situazione di ombre del sole in un cortile, una persona si sta avvicinando al muretto che nasconde la profonda intercapedine costruita per dare aria al piano interrato dell'edificio di fronte. La persona è rappresentata con la sua ombra, una parte della quale è sulla parete verticale del muretto. Nell'ipotesi che la persona avanzi di un passo dove va a finire la sua ombra? Giustificare la risposta.*„

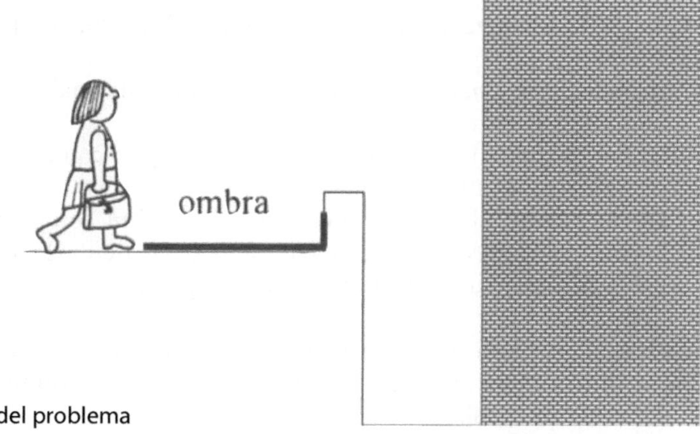

Figura 8.2 disegno del problema

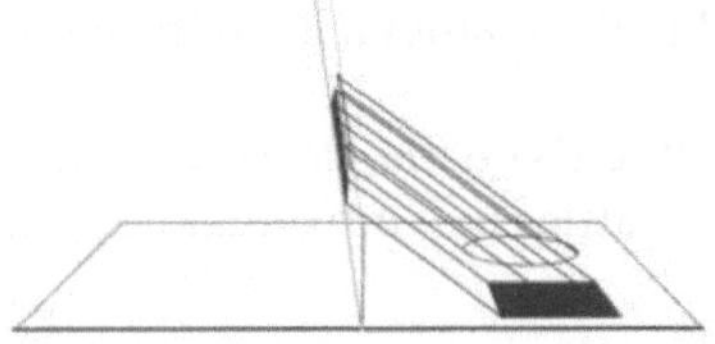

Figura 8.3 omologia affine (stiramento)

Risultati. La durata limitata dell'esperimento non ha consentito di costruire in modo stabile conoscenze relative alle affinità e al loro trattamento nel quadro analitico. Invece si è osservata una significativa evoluzione della capacità di modellizzare il fenomeno delle ombre solari e di applicare questo modello ad un esercizio critico.

8.3 Macchine mentali: l'ortotome

Questo esperimento è stato realizzato presso il Liceo Scientifico "A. Tassoni" di Modena durante la preparazione di una tesi di laurea (laureanda: Amerina Tufo; relatrice M. G. Bartolini Bussi; insegnante ricercatore: Marcello Pergola).

Età degli allievi. L'esperimento si è svolto in una quarta liceo scientifico.

Obiettivi della ricerca. Si tratta di uno studio osservativo di lungo termine mirante a documentare e ad analizzare i processi di costruzione dei significati e delle dimostrazioni nel campo di esperienza delle macchine matematiche.

Durata. L'esperimento si è sviluppato su diverse settimane.

Ambiente e strumenti utilizzati. L'esperimento si è svolto nell'aula di matematica del liceo, attrezzata con parecchi modelli di macchine, tra cui un grande modello di ortotome (vedi Capitolo 1 paragrafo 4).

Modalità di organizzazione. L'esperimento si è articolato in cinque sessioni di lavoro:
- Introduzione storica (lezione frontale) su temi quali quelli presentati nel Capitolo 1 paragrafo 4.
- Studio di modelli di coniche in piccolo gruppo con la successiva preparazione a casa di una relazione scritta.
- Presentazione alla classe del lavoro svolto dai piccoli gruppi.
- Ripresa del lavoro dei piccoli gruppi da parte dell'insegnante.
- Breve digressione sul trattato di de L'Hôpital.

Risultati. Sono stati particolarmente interessanti i processi osservati durante il lavoro di piccolo gruppo e le loro tracce nella redazione del testo. Si sono analizzati in particolare:

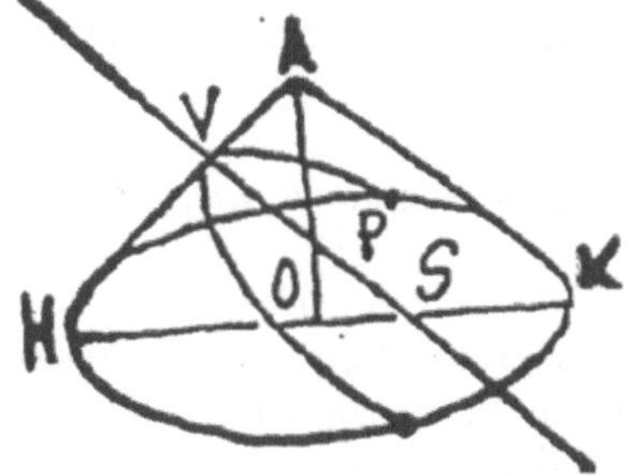

Figura 8.4 rappresentazione di ortotome

- La qualità dell'aiuto offerto dall'insegnante per introdurre il problema.
- La qualità dell'aiuto offerto dall'insegnante per esplorare il modello.
- La qualità dell'esplorazione dinamica condotta dagli studenti.
- La qualità dell'aiuto offerto dall'insegnante per riassumere l'intero processo.

In sintesi, il modello di ortotome è un artefatto, i cui schemi d'uso sono costruiti nel corso dell'interazione tra insegnante e studenti. L'oggetto media significati diversi, pertinenti sia alla teoria più antica delle sezioni coniche che alle sistemazioni successive (la rappresentazione algebrica di Descartes, il disegno meccanico di de L'Hôpital). I processi cognitivi hanno una forte componente "embodied" (o meglio "empracticed" alla Radford, vedi Capitolo 4 paragrafo 4). Le metafore costruite accompagnano in modo funzionale la costruzione del significato.

Ci limitiamo a riportare qui il primo disegno prodotto dagli studenti per la costruzione della dimostrazione nello spazio, rinviando al testo su cd-rom per ulteriori dettagli (Fig. 8.4).

8.4 Macchine mentali: l'ellisse come sezione conica

Questo esperimento è stato coordinato da Maria G. Bartolini Bussi e M. Alessandra Mariotti. Lo spunto è dato da un disegno (Fig. 8.5) in cui Dürer introduce il metodo della doppia proiezione per la rappresentazione grafica delle sezioni coniche.

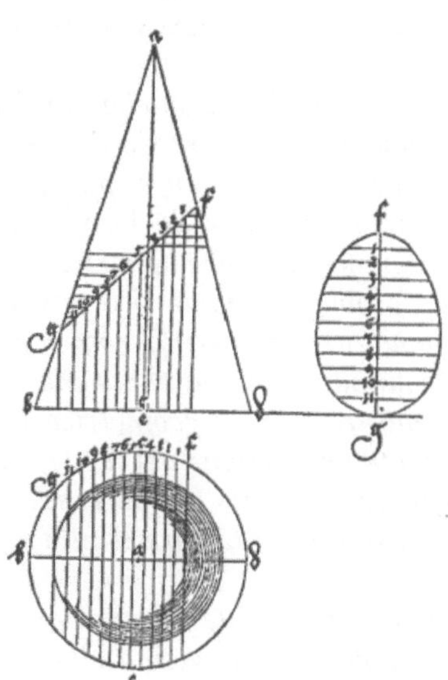

Figura 8.5 disegno di Dürer

Dopo avere descritto in modo accurato la procedura grafica, Dürer (Peiffer, 1995) conclude:

"*L'ellisse mi propongo di chiamarla linea ad uovo, poiché essa è identica a un uovo.*„

A partire da questo caso storico, è parso interessante indagare se anche gli studenti di oggi hanno dubbi in proposito. A tale scopo è stato compiuto un esperimento didattico in due diverse sedi universitarie.

Età degli allievi. Hanno partecipato all'esperimento studenti universitari del corso di laurea in Matematica (III o IV anno) delle sedi di Modena e Pisa.

Obiettivi della ricerca. Ci si è proposti di indagare la capacità degli studenti di mettere in moto le loro conoscenze sulle sezioni coniche, per prendere posizione in un dialogo immaginario in cui si contrappongono, con argomentazioni di varia natura, due enunciati conflittuali, riassumibili nel modo seguente: la curva sezione ha solo uno oppure due assi di simmetria.

Durata. L'esperimento si è svolto in una sola sessione di due ore, ripetuta in ciascuna sede.

Ambiente e strumenti utilizzati. Agli studenti era consentito l'uso di carta, matita e di ogni piccolo modello fisico che fossero in grado di realizzare da soli con carta, forbici e nastro adesivo.

Modalità di organizzazione. È stato costruito un dialogo immaginario con brani estratti da autori di epoche diverse: Sereno (~300 - ~360), Erazmus Ciolek Witelo (~1230 - ~1280), Albrecht Dürer (1471-1528), Paul Guldin (1577-1643).

"*SERENO: Poiché so che molti geometri esperti ritengono che la sezione trasversale del cilindro sia diversa da quella del cono che viene chiamata ellisse, ho pensato che non si può permettere ad essi, né a coloro che - udendoli - potrebbero essere da loro persuasi, di rimanere in questo errore. Eppure, a chiunque dovrebbe apparire assurdo che studiosi di geometria si pronuncino su un problema geometrico senza fornire dimostrazioni e si lascino attrarre da apparenze di verità, cosa del tutto opposta allo spirito della geometria. Comunque, dal momento che essi sono di ciò convinti e io invece del contrario, dimostrerò 'more geometrico' che entrambe le figure solide hanno necessariamente una sezione del medesimo genere, anzi identica, purché cono e cilindro (di loro appunto sto parlando), siano tagliati opportunamente, non in modo qualsiasi (Le sezioni del cilindro e le sezioni del cono, IV secolo d. C.).*

WITELO: Tutte le ellissi ottenute come sezioni di un cono acutangolo si allargano dalla parte vicina alla base del cono: ciò non accade per quelle ottenute come sezioni di un cilindro. Ciò accade a causa dell'acuità dei coni e della regolarità dei cilindri. Se infatti, a partire dal punto (dell'asse del cono) ottenuto intersecando l'asse del cono con la linea perpendicolare a un lato del triangolo per l'asse, si traccia un cerchio appartenente al cono e si immagina un cilindro avente tale cerchio come base: è evidente che la parte inferiore del cono è esterna a tale cilindro, mentre la parte superiore del cono è ad essa interna. Pertanto la parte inferiore della sezione conica contiene la parte inferiore della sezione cilindrica, mentre la parte superiore della sezione cilindrica contiene la parte superiore della sezione conica. D'altronde le due parti della sezione cilindrica sono uguali per la regolarità del solido e le uguaglianze degli angoli formati con l'asse. Ne segue allora l'assunto (Sulla Prospettiva, circa 1270).

ALBRECHT DÜRER: Non conosco i nomi tedeschi delle sezioni (del cono), ma propongo di chiamare l'ellisse curva ad uovo, poiché è di fatto identica a un uovo (Trattato sulle Misurazioni con Riga e Compasso sulla Retta, nel Piano e su Tutti i Corpi, 1525).

GULDIN: Bisogna anche evitare l'errore di coloro che ritengono l'ellisse (ottenuta come sezione di un cono) più stretta nella parte rivolta verso il vertice del cono, più larga in quella prossima alla base come l'uovo di gallina: mentre invece in nulla differiscono (quanto a ciò) le ellissi originate da un cono e quelle tagliate da un cilindro (Centrobaryca 1640).„

Dopo avere consegnato una copia del dialogo agli studenti divisi a coppie, è stata data loro la seguente consegna:

"Il dialogo riguarda la forma di una particolare sezione di un cono. Leggilo con attenzione. Come ti inseriresti in questo dialogo? Qual è la tua opinione? Come potresti convincere i tuoi interlocutori immaginari che hanno espresso una opinione diversa dalla tua? Come potresti convincere uno studente di scuola secondaria?„

Risultati. Gli studenti, sapendo che la posizione di Witelo e Dürer non è corretta, cercano inizialmente di ripercorrere le argomentazioni fornite da Witelo per scoprire le cause dell'errore e costruire una contro-argomentazione, ma senza successo. Il dialogo storico immaginario, e in particolare l'argomento di Witelo, sono destabilizzanti. Essi non sono sufficienti a mettere in crisi le proprietà delle sezioni coniche (anche se questo potrebbe accadere con allievi più giovani o meno esperti), ma provocano interminabili discussioni e sistematici, ma inefficaci, tentativi di affrontare il conflitto in modo diretto. Le dimostrazioni di tipo analitico non soddisfano completamente gli studenti, poiché non attaccano in modo diretto l'argomentazione di Witelo. Infatti, in ogni sequenza di manipolazioni algebriche di una formula, non è sempre possibile tradurre i singoli passi in manipolazioni geometriche dell'oggetto: l'efficacia del linguaggio algebrico sta proprio nella possibilità di sospendere di quando in quando l'interpretazione geometrica dei passaggi e quindi di ricorrere, a volte, a passaggi non interpretabili geometricamente. I risultati dell'esperimento mostrano chiaramente che sotto enunciati "scontati" utilizzati per introdurre le coniche come sezioni di un cono, si nascono in realtà misconcezioni notevoli, che emergono quando gli studenti sono posti in una situazione conflittuale.

Le misconcezioni si possono evitare quando l'insegnante affronta in modo diretto il problema delle sezioni coniche, come mostra l'esperienza svolta nell'anno scolastico 1999/2000 da Renato Verdiani presso il Liceo Scientifico "il Pontormo" di Empoli. L'idea fondamentale è stata quella di riproporre per una presentazione pubblica di fronte a tutta la scuola un percorso preparato in laboratorio con gli studenti, nel quale le classiche definizioni metriche realizzate graficamente con Cabri si affiancano a modelli di cartoncino di curvigrafi e di coni che illustrano i teoremi di Dandelin. I modelli sono particolarmente ben riusciti, pur avendo dimensioni piccole. L'accuratezza della presentazione e la sua efficacia sono testimoniate dal successo della presentazione proposta al preside e a varie classi della scuola. Alcuni dettagli sono ripresi nel cd-rom allegato.

8.5 Modelli virtuali

Già nel Capitolo 7 abbiamo discusso alcune questioni relative alle animazioni di macchine matematiche. In questo capitolo, ci soffermeremo sulle animazioni di oggetti tridimensionali (quali i prospettografi, le sezioni coniche, ecc.) e sulle relazioni tra l'attività svolta su un oggetto reale e su un oggetto virtuale.

L'utilizzo didattico può essere di vario tipo:

1. Presentazione da parte dell'insegnante, nel corso di una lezione dalla cattedra (schermo come lavagna dinamica).
2. Esplorazione da parte degli studenti di una macchina virtuale.

In questo caso non prevediamo la produzione dell'animazione da parte degli studenti, poiché, come vedremo, si tratta di un processo complesso, sia quando si utilizza Cabri sia quando si utilizza un software professionale per animazioni fotorealistiche (nel nostro caso, Cinema4D). Le animazioni da noi costruite sono, per certi aspetti, simili alle animazioni prodotte con Cinderella da Ghione e Catastini (2004); in aggiunta, molte di esse introducono un'animazione del modello matematico con la realizzazione di raggi visivi (fili in estensione) che definiscono dinamicamente il punto immagine sul quadro.

Modellizzazione dei prospettografi: il disegno in prospettiva dello strumento

Le animazioni da noi costruite con Cabri non sono interattive. Lo scopo è quello di realizzare una successione di azioni che illustrano il funzionamento dello strumento. Se si dispone dei files Cabri (che sono riportati nel cd-rom) le singole parti delle animazioni possono essere messe in movimento a mano trascinando il punto verde P. Poiché lo strumento è tridimensionale ed è osservato da un certo punto di vista, occorre scegliere un metodo per disegnare in prospettiva centrale. Possiamo osservare che la situazione è molto diversa da quella dei curvigrafi e dei pantografi: in quel caso, infatti, l'animazione realizza uno strumento "piano", ovvero la proiezione dello strumento sul piano del tracciamento da un punto di vista improprio (in una direzione ortogonale al piano).

Il metodo scelto per il disegno in prospettiva è tratto da quello descritto dal Barozzi-Danti in *Le due regole della prospettiva prattica* con il nome di Seconda Regola (vedi il Capitolo 2 paragrafo 3).

Passo 1. Si tracciano sul foglio tre rette parallele *t, p, f* con le seguenti convenzioni (Fig. 8.6):

- La prima (*t*) rappresenta l'origine del semipiano di terra che sta dietro al quadro e sul quale sono collocati gli oggetti da rappresentare.
- La seconda (*p*) rappresenta la base del quadro.
- La terza (*f*) rappresenta l'orizzonte (insieme dei punti di fuga).
- Su quest'ultima retta si fissano due punti V (punto di veduta o punto principale, proiezione del punto di vista del disegnatore O sul piano del quadro) e D (punto di distanza) in modo tale che VD sia uguale a VO.

Passo 2. Si colloca il punto P di cui si vuole l'immagine prospettica nella posizione assegnata: supponiamo che giaccia sul piano di terra, dietro il quadro (quindi, nel disegno, al di sopra della retta *t*).

Passo 3. Si tracciano due semirette uscenti da P (origine):

- La prima che forma con la retta *t* un angolo di 45° intersecandola in un punto D° situato, rispetto a P, dalla parte opposta a quella in cui si trova D.
- La seconda perpendicolare a *t* e intersecante *t* in R.

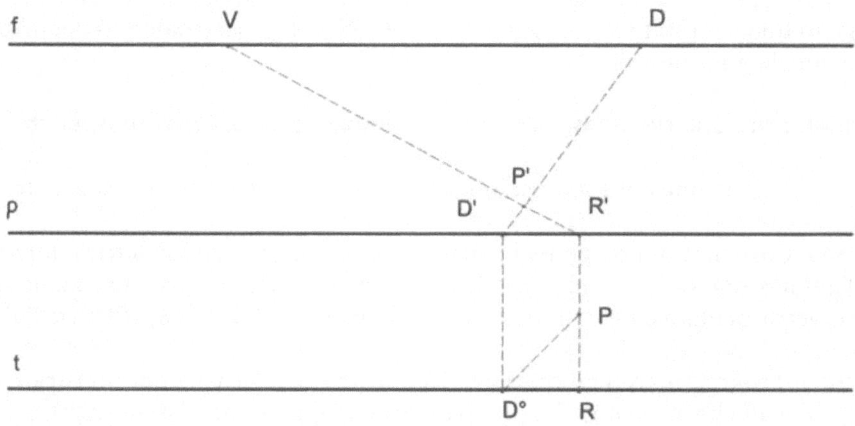

Figura 8.6 caso del punto da rappresentare che giace sul piano di terra

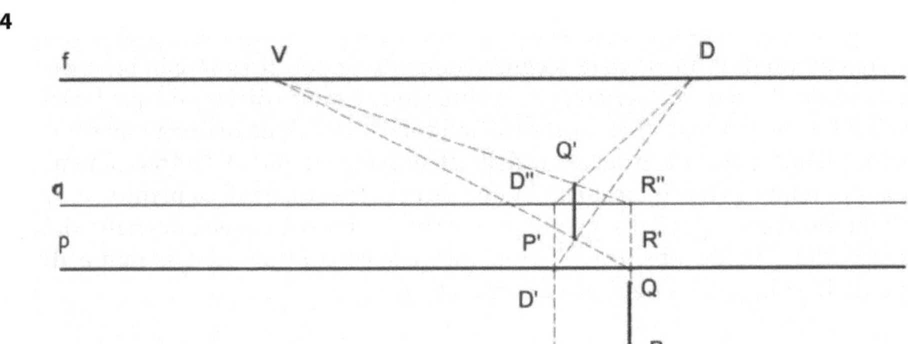

Figura 8.7 caso del punto da rappresentare che non giace sul piano di terra

Passo 4. Si proiettano ortogonalmente i punti D° e R sulla retta *p*, ottenendo D' (punto diagonale) ed R' (punto retto).

Passo 5. Si tracciano le rette DD' e VR': la loro intersezione P' è immagine prospettica di P.

Passo 6. Se, contrariamente a quanto supposto nel passo 2, il punto P è "elevato" (cioè non giace sul piano di terra) si eleva di altrettanto la retta *p* (Fig. 8.7), costruendo la retta *q* parallela a *p* e avente da essa distanza uguale a PQ; si riduce quindi la sua distanza dalla linea dell'orizzonte; poi si ripetono le operazioni 3, 4, 5.

Seguendo le precedenti istruzioni si possono costruire due macro che a partire dagli oggetti iniziali (rette *t p*, *f*, punti V e D e punto P) forniscono come oggetto finale il punto P' (sul piano di terra o elevato), nascondendo opportunamente le linee morte.

Modellizzazione dei prospettografi: l'animazione del funzionamento

Per la realizzazione delle animazioni, abbiamo utilizzato la traccia seguente.

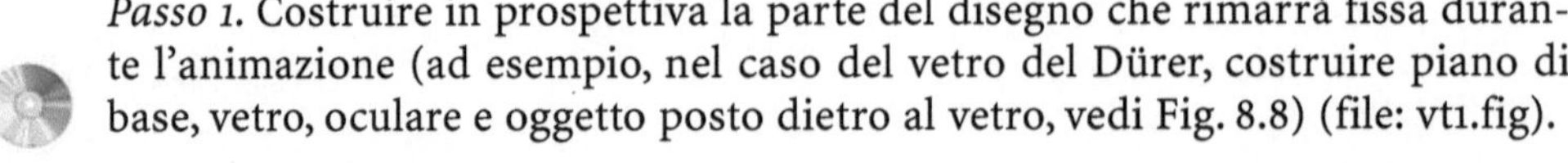

Passo 1. Costruire in prospettiva la parte del disegno che rimarrà fissa durante l'animazione (ad esempio, nel caso del vetro del Dürer, costruire piano di base, vetro, oculare e oggetto posto dietro al vetro, vedi Fig. 8.8) (file: vt1.fig).

Passo 2. Programmare l'animazione. Nel nostro caso si vogliono mostrare 8 raggi visuali che, partendo dal punto di vista, raggiungono ciascun vertice del cubo e creano i punti di intersezione di ciascun raggio con il vetro. Complessivamente si devono "animare" 16 azioni.

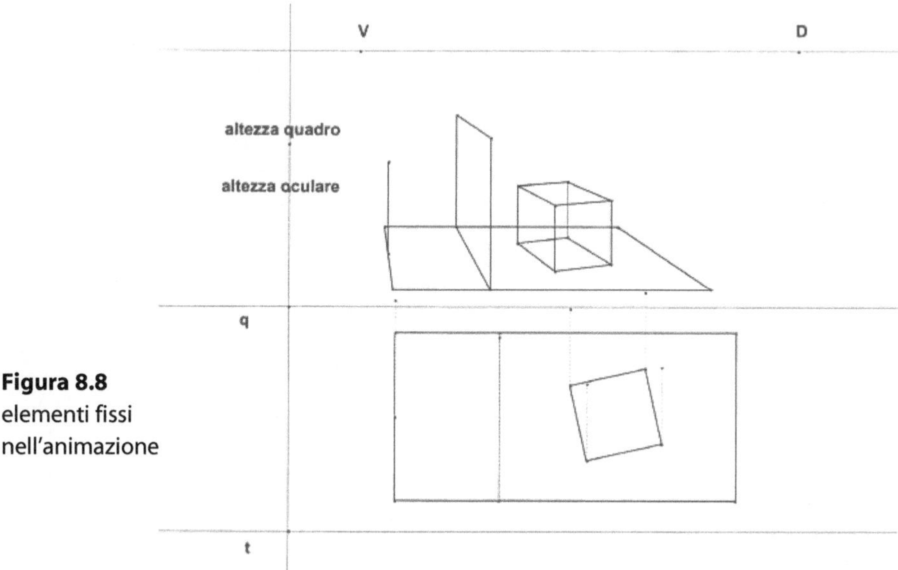

Figura 8.8 elementi fissi nell'animazione

Passo 3. Ogni punto mobile sulla figura è "pilotato" da un punto esterno P che si muove su un poligono *p* con 8 lati (ottagono regolare), poiché ogni lato del poligono anima due azioni (Fig. 8.9). Sia R il centro del poligono (cioè il centro del cerchio circoscritto). Consideriamo il lato AB del poligono e B1 sia il suo punto medio. Iniziamo facendo variare P sul lato AB (la procedura sarà poi ripetuta per tutti gli altri lati, a ciascuno dei quali corrisponde un vertice del cubo). Costruiamo il segmento RP e costruiamo:

- L'intersezione X1 di RP con AB1.
- L'intersezione X2 di RP con B1B.

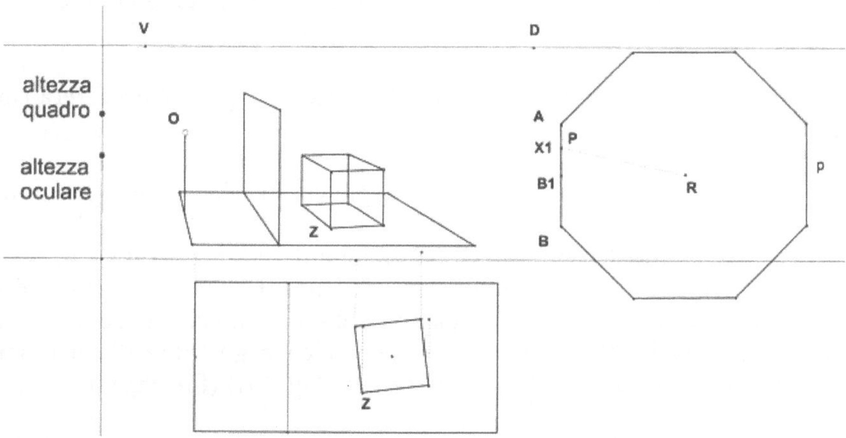

Figura 8.9 fase dell'animazione

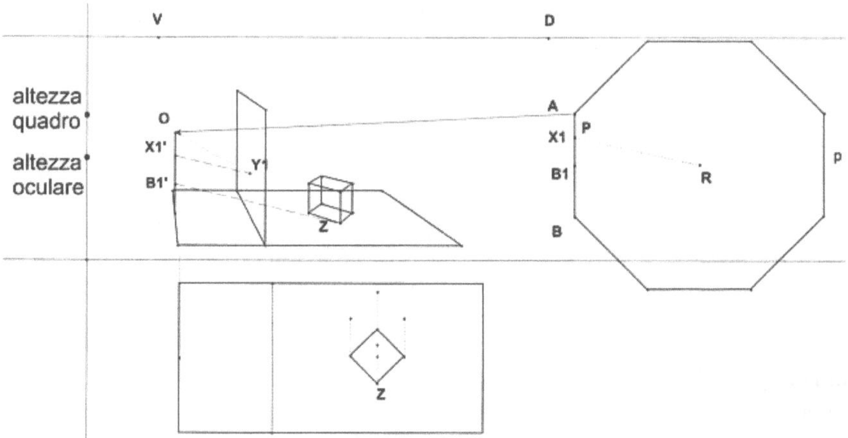

Figura 8.10

In tal modo otteniamo due punti in corrispondenza di ciascuno dei quali possiamo far accadere una azione:

- La prima azione è la comparsa graduale del raggio visivo che congiunge O con il vertice Z del cubo (file vt2.fig).
- La seconda azione è la comparsa del punto di intersezione di tale raggio con il quadro.

Passo 4. Facciamo corrispondere ad X1 che percorre AB1 un punto Y1 che percorre il segmento OZ in questo modo (Fig. 8.10): costruiamo il vettore AO e trasliamo B1 e X1 di tale vettore, costruendo X1' e B1'; congiungiamo B1' con Z e tracciamo la parallela *r* per X1' a tale retta: il punto di intersezione di *r* con il segmento OZ è il punto Y1 cercato che percorrerà il segmento OZ mentre X1 percorre AB1.

È opportuno costruire una macro con tale procedura, perché occorrerà ripeterla molte volte.

Passo 5. Costruiamo il segmento OY1 sul raggio visuale che congiunge O con Z.

Passo 6. Costruiamo X2, punto di intersezione del segmento RP con il segmento B1B. Costruiamo il vettore PZ, applichiamo ad X2 la traslazione individuata a tale vettore e costruiamo sulla figura il segmento che ha per estremi il traslato di X2 e O: in tal modo quando P percorre il segmento B1B sulla figura è visibile e fissa l'immagine del raggio visuale (Fig. 8.11) (file: vt3.fig).

Passo 7. Costruiamo l'immagine del punto Z sul vetro. Congiungiamo il piede H dell'oculare con Z e sia K l'intersezione di HZ con la linea di terra del vetro;

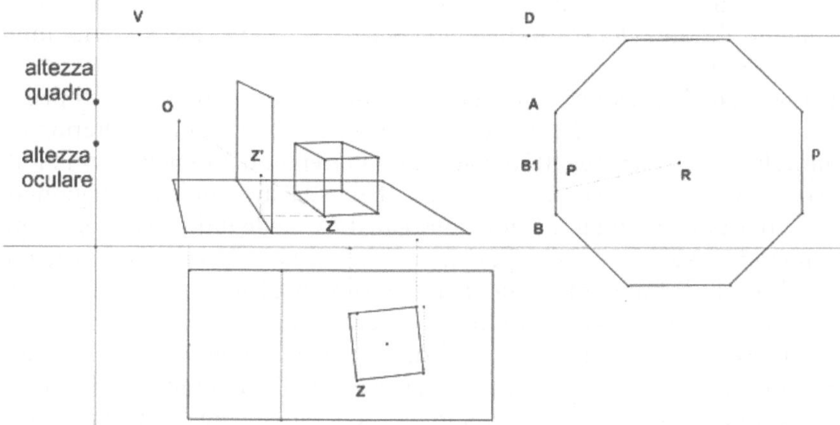

Figura 8.11

il piano contenente O, Z, H interseca il piano del vetro lungo la perpendicolare condotta per K alla linea di terra e l'immagine di Z è il punto di intersezione Z' di OZ con tale perpendicolare (file: vt4.fig).

Quando il piano del quadro è mobile (caso degli sportelli) la costruzione dell'immagine di Z è anch'essa realizzata con le regole della prospettiva.

Ripetendo la costruzione per tutti i lati dell'ottagono si realizza l'animazione per tutti gli 8 vertici del cubo. L'animazione contenuta nel cd-rom (file: vt5.fig) è stata realizzata con un procedimento simile a quello descritto.

Modellizzazione dei prospettografi: animazioni fotorealistiche

L'animazione ottenuta con Cabri è raffinata, ma schematica. Per ottenere animazioni fotorealistiche si possono utilizzare anche software professionali, come ad esempio Cinema4D della Maxon[1].

Non entriamo nei dettagli del procedimento che è piuttosto complesso. In questa sede ci limitiamo a ricordare alcune caratteristiche di base del software (che abbiamo utilizzato prima nella versione 4 e poi nella versione 8 nelle tesi di laurea di Luisa Porretti e Elisa Quartieri).

Cinema4D è un software per la creazione di animazioni tridimensionali che offre strumenti per la modellizzazione, l'animazione (con movimento dell'oggetto, posizionamento di luci e movimento della telecamera) e la resa (*rende-*

[1] http://www.maxon.net/

ring) delle immagini con materiali realistici. Le quattro dimensioni a cui fa riferimento il nome del software sono le tre dimensioni spaziali e la dimensione temporale.

Per la modellizzazione, Cinema4D offre oggetti base come oggetti primari e curve (*spline*) e oggetti complessi, detti *nurbs* (Non Uniform Rational B-Spline), che usano altri oggetti per generare nuovi modelli. Quando un modello è costruito, si definiscono le proprietà della sua superficie e si aggiungono dettagli, per ottenere un'immagine fotorealistica. Nelle ultime versioni si possono introdurre anche personaggi virtuali che mostrano, ad esempio, le posizioni e i modi di impugnare uno strumento. Si posizionano poi le luci nella scena, per creare la giusta atmosfera e la giusta profondità di campo.

L'animazione è la parte in cui gli oggetti di una scena (tutti o in parte) acquistano movimento. Per fare ciò si opera sulla linea temporale (*time line*) in cui ogni oggetto può essere animato indipendentemente dagli altri. Durante il processo di animazione si interviene sul movimento, il ridimensionamento e i parametri degli oggetti (eventualmente anche su luci e materiali), sull'angolatura di ripresa dell'oggetto e sull'eventuale movimento della telecamera, modificando di volta in volta lungo la linea temporale il movimento, la rotazione e i diversi parametri.

Il *rendering* è il processo nel quale i dati tridimensionali sono trasformati in immagini bidimensionali. Il computer determina quale colore ciascun pixel userà per i modelli, i materiali, le *texture* e le animazioni. Questo processo può durare anche parecchie ore e richiede, comunque, un computer potente e con una scheda grafica opportuna.

Nel cd-rom sono riportati vari esempi di animazioni fotorealistiche realizzate con o senza personaggi virtuali. In generale, le animazioni ad alta risoluzione richiedono files con dimensione molto grande; la riduzione di dimensione peggiora a volte la qualità dell'immagine rendendo sfocati particolari importanti.

8.6 Uso didattico delle animazioni fotorealistiche

Se confrontiamo le animazioni schematiche realizzate con Cabri con le animazioni fotorealistiche realizzate con Cinema4D, vediamo subito che nelle prime il modello matematico è molto più evidente, proprio per la mancanza di abbellimenti ambientali. Viceversa, l'animazione fotorealistica, se osservata dopo avere manipolato davvero copie fisiche di legno, evoca la materialità, gli spessori, i gesti già esperiti. Questa materialità non è di per sé ostacolo alla costruzione di un modello matematico, se teniamo conto dei risultati delle ricerche sull'embodiment presentate nel Capitolo 4 paragrafo 4.

Un esperimento di interpretazione del funzionamento di uno strumento non conosciuto ma osservato in una animazione fotorealistica è stato compiuto in diverse occasioni con esiti diversi. Facciamo qui riferimento all'esperimento

svolto in quinta elementare e già presentato nel paragrafo 1. Nel laboratorio di informatica della scuola sono state proposte animazioni fotorealistiche (ad alta risoluzione e senza personaggi) di vari strumenti simili al prospettografo già utilizzato in classe, ma funzionanti in modo un po' diverso. Le animazioni sono state mostrare due volte, senza commenti, consentendo agli allievi di interagire fermando e riavviando le immagini. Ciascun allievo ha poi dovuto scegliere un'animazione che gli era piaciuta in modo particolare. Una volta tornati in classe, a ciascun allievo è stato consegnato un foglio con la riproduzione a colori di un fotogramma dell'animazione scelta e la seguente consegna:

"*Descrivi la macchina rappresentata in questa immagine e il suo funzionamento. Ti puoi aiutare con disegni significativi.*„

La familiarità con un prospettografo, se pure diverso da quello proposto, ha indubbiamente aiutato gli allievi nell'interpretazione, che si è spinta, in alcuni casi, fino alla discussione del modello della piramide visiva.

Riportiamo nel cd-rom due protocolli (Anna e Giacinto) che scelto hanno entrambi scelto lo sportello di Danti.

9
Oltre la scuola

Nei capitoli precedenti abbiamo fornito molti esempi di usi didattici di macchine matematiche, in diversi ordini di scuole. Le macchine in questione sono riproduzioni di modelli antichi, eseguite con ingegno ma con materiali poveri. Solo in un caso (la collezione della Cornell, descritta nel Capitolo 6 paragrafo 6) si tratta di modelli originali, di interesse storico, tuttavia abbastanza robusti da sopportare l'uso da parte di allievi della scuola media.

L'eleganza dei modelli e degli strumenti, nelle copie originali o in riproduzioni accurate, li rende adatti ad essere esposti al pubblico, come beni culturali di natura scientifica, per contribuire alla diffusione delle idee e dei metodi della scienza. Se superiamo i confini della scuola, si apre il più ampio scenario delle iniziative per la diffusione della cultura matematica.

L'importanza di queste attività che vanno oltre l'esperienza scolastica è stata sottolineata recentemente nel documento di presentazione dello studio ICMI n. 16 *Challenging Mathematics in and beyond the Classroom*[1].

9.1 Mostre, divulgazione, didattica

L'esperienza italiana nella divulgazione matematica è relativamente recente (una rassegna di alcune iniziative espositive italiane è presentata in Di Sieno, 2002, 2003). Nel 1989, Michele Emmer propose la mostra *L'occhio di Horus: itinerari nell'immaginario matematico* con allestimenti a Bologna, Parma, Milano, Roma. Tre anni più tardi (1992) in occasione della Settimana della Cultura Scientifica, studiosi di tre sedi diverse si trovarono a proporre (dopo avere lavorato in modo del tutto indipendente e all'insaputa gli uni degli altri) tre mostre: *Oltre il compasso*, allestita a Pisa da Franco Conti ed Enrico Giusti; *Oltre lo specchio*, allestita a Trieste dal nucleo di ricerca didattica locale; *Macchine matematiche e altri oggetti*, allestita a Modena dal gruppo che avrebbe poi costituito il Laboratorio omonimo. Il punto su queste e altre iniziative fu fatto alcuni anni più tardi a Cortona (1998), nel convegno sul tema *La matematica al museo*. Da questo convegno uscì una proposta di collaborazione internazionale, che diede origine, l'anno successivo (1999), al progetto *Maths Alive: Mathematics in everyday life*, coordinato da Albrecht Beuthelspacher (Giessen, Germania) e finanziato dalla Commissione Europea, nell'ambito del Quinto Programma Quadro. La rete tematica comprendeva gli autori di *Oltre il compasso*, gli autori di *Macchine matematiche*, il gruppo mila-

---

[1] http://www.amt.edu.au/icmis16.html

nese coordinato da Maria Dedò (*Simmetria e giochi di specchi*), il gruppo portoghese *Atractor,* coordinato da Manuel Arala Chaves. Durante il progetto, sono nati musei specifici per la Matematica (il *Giardino di Archimede*, diretto da Enrico Giusti, prima nella sede di Priverno e poi in quella di Firenze; il *Mathematikum* di Giessen, diretto da Albrecht Beuthelspacher) e si sono moltiplicate iniziative espositive di successo ad opera dei partecipanti.

Al di là dell'interesse condiviso per la ricerca di modi attraenti di comunicare la matematica allo scopo di migliorarne l'immagine pubblica, differenze profonde hanno caratterizzato le diverse iniziative citate. In vari casi (*Mathematikum*, *Matematica viva* del gruppo *Atractor*), si è adottato lo stile delle collezioni raccolte nei parchi scientifico-tecnologici di molti paesi, costruendo numerosi modelli interattivi, ciascuno dei quali illustra un particolare concetto o una procedura della matematica.

In altri casi (le mostre sugli specchi di Trieste e Milano; *Oltre il compasso*; *Macchine Matematiche*), gli oggetti esposti si addensano intorno ad un tema comune molto circoscritto, sottolineando non tanto la varietà quanto la profondità e la sistematicità della ricerca matematica e la continua tensione a costruire teorie in grado di organizzare in modo unitario concetti e procedure. Quelle citate sono tutte mostre di macchine, poiché anche lo specchio, nella nostra accezione, è una macchina (che trasforma punti e figure nelle loro immagini per riflessione), usata anche in alcuni strumenti per la prospettiva. Gli aspetti storici divengono fondanti per *Oltre il compasso* e *Macchine matematiche,* arricchendo così l'esperienza di un forte richiamo culturale.

Mentre le proposte di *Oltre lo specchio* e *Macchine Matematiche* nascono da ricerche didattiche, *Oltre il compasso* e *Simmetria e giochi di specchi* sono proposte divulgative che approdano alla didattica in un secondo tempo, quando l'interesse mostrato dalle scuole durante le visite agli allestimenti mette in luce potenzialità forse inaspettate. La finalità originale divulgativa rimane visibile, anche quando si propongono materiali per gli insegnanti. Essi sono infatti spunti di lavoro[2], a partire dai quali l'insegnante potrà costruire da solo proposte per la sua classe; manca il riferimento agli strumenti di lavoro degli insegnanti (i programmi scolastici; i metodi di programmazione) e agli strumenti analitici della ricerca didattica (come quelli che abbiamo raccolto qui nel Capitolo 5). Del resto, la didattica e la divulgazione (e le ricerche sulla didattica e sulla divulgazione) hanno scopi diversi e vincoli istituzionali diversi, anche se possono interagire con benefici reciproci.

Recentemente la relazione tra divulgazione e didattica è stata riproposta nella contrapposizione tra apprendimento informale e apprendimento formale. Nel mondo scientifico, c'è attenzione crescente per il primo, che avviene al di fuori della scuola. Per la matematica, in Italia si è costituito un *Centro Interuniversitario di Ricerca per la Comunicazione e l'Apprendimento*

---

[2] Vedi ad esempio http://www.quadernoaquadretti.it/

Informale della Matematica[3], che ha la sua origine nelle esperienze di divulgazione della matematica condotte negli ultimi anni dalle quattro università di Milano, Milano-Bicocca, Pisa e Trento.

Tabella 1

Informale	**Formale**
Volontario	Obbligatorio
Casuale, non strutturato, non sequenziale	Strutturato e sequenziale
Non valutato e non certificato	Valutato e certificato
Senza restrizioni di tempo	Delimitato
Guidato da chi apprende	Guidato da chi insegna
Centrato su chi apprende	Centrato su chi insegna
Extrascolastico	Basato sulla classe e sul tipo di scuola
Non programmato	Programmato
Molti risultati non previsti (risultati più difficili da valutare)	Pochi risultati non previsti
Aspetto sociale centrale (ad es.: apprendimento cooperativo)	Aspetto sociale marginale
Non diretto e senza legislazione	Istituzionalizzato e diretto (controllato)

La tabella qui riportata e ripresa da Cerreta (1999) sottolinea le differenze tra l'apprendimento informale, identificato con quello della visita ai parchi scientifico-tecnologici, e l'apprendimento formale, identificato con quello della lezione tradizionale. Le due colonne descrivono due situazioni estreme in modo necessariamente schematico. Sembra di poter dire che l'idea di laboratorio di matematica, proposto dalla Commissione UMI-CIIM si colloca in una posizione di cerniera tra le due realtà, introducendo nella situazione statica (e qui presentata in modo un po' caricaturale) della scuola tradizionale, molti elementi ripresi dall'apprendimento informale, senza per questo rinunciare alle caratteristiche fondanti delle istituzioni educative, che sono state studiate dalla ricerca didattica.

Nel seguito, saranno illustrate e discusse alcune iniziative espositive realizzate dal Laboratorio delle Macchine Matematiche di Modena. Sui siti segnalati e nel cd-rom si possono trovare informazioni complementari su iniziative proposte da altri gruppi.

[3] http://www.matematita.it

9.2 Dal Theatrum Machinarum a Geometria a tu per tu

Abbiamo già ricordato la prima mostra pubblica (*Macchine matematiche e altri oggetti*) del 1992, allestita nella sala espositiva del Palazzo Comunale di Modena. Nonostante le difficoltà iniziali a trovare sostenitori per l'iniziativa organizzata in collaborazione con il Comune di Modena, la mostra ebbe un notevole successo, molto superiore alle aspettative. Vennero prodotti un catalogo cartaceo, un volume di approfondimento e parecchi filmati, che illustravano le macchine in movimento e alcuni argomenti complementari. Tra questi ultimi, si possono ricordare le dimostrazioni dinamiche di teoremi classici e le illustrazioni di fasci di coniche. Queste animazioni, realizzate con riprese fotogramma per fotogramma e con un notevole impegno di tempo ed energia, costituiscono, in un certo senso, i progenitori delle animazioni che ora si possono realizzare in pochi minuti con i software di geometria dinamica.

L'interesse didattico della collezione di macchine fu subito evidente. Piccole collezioni di modelli furono invitate in occasione di seminari per insegnanti, di congressi nazionali (il XV Convegno Nazionale UMI – CIIM sull'insegnamento della matematica a Grosseto, 1992) e internazionali (ICME7 a Quebec, 1992; ICME8 a Siviglia, 1996). Un'esposizione di lunga durata fu organizzata al Museo dell'Automobile di Torino (*Dal compasso al computer*, 1996).

Nel 1997, la collezione, fino ad allora conservata presso il Liceo Scientifico "A. Tassoni" di Modena, fu spostata presso il Centro Museo Universitario di Storia Naturale e della Strumentazione Scientifica. Nei locali del Museo, a partire dal 1997, si tennero ogni anno allestimenti ridotti in occasione della Settimana per la Diffusione della Cultura Scientifica.

L'attività culminò alla fine del 1998 con la grande mostra *Theatrum Machinarum*, allestita nella splendida sala espositiva del Foro Boario di Modena. In questo caso si produsse un catalogo multimediale, distribuito gratuitamente in oltre 1500 copie, ricco di immagini, animazioni Cabri e animazioni Java interattive[4]. Questa mostra divenne itinerante ed ebbe allestimenti a Cesenatico (in occasione della Finale Nazionale delle Olimpiadi, nel 2000, anno della Matematica), a Cesena (2002) e a Treviso, con il titolo *Le Matemacchine* (2002). Fu presto evidente che l'ampiezza della collezione richiedeva spese di trasporto e spazi di allestimento notevoli. Dopo vari allestimenti ridotti, predisposti di volta in volta su richiesta degli enti ospitanti, nel 2003 si decise di preparare una mostra itinerante più piccola, *Geometria a tu per tu*[5], destinata a circolare nelle scuole, attraverso una convenzione con l'Ufficio Scolastico Regionale dell'Emilia Romagna[6]. Questa mostra ridotta ha già visitato molte province della regione ed è stata invitata al secondo *Festival della Scienza* di Genova (2004). Sarà esposta a Reggio Emilia, insieme ad una

---

[4] Laboratorio delle Macchine Matematiche: http://www.mmlab.unimore.it

[5] Catalogo in rete: http://www.mmlab.unimore.it

[6] http://www.matematicainsieme.it

piccola collezione di macchine espressamente progettate per allievi non vedenti, in occasione dell'Assemblea Nazionale della Federazione delle Istituzioni pro ciechi (dicembre 2005).

Nel 2004, il Laboratorio ha allestito lo stand *Macchine Matematiche* all'interno del 5ème *Salon de la Culture & des Jeux Mathématiques*[7], organizzato a Paris dal Comité International de Jeux Mathématiques[8].

9.3 Dalla Perspectiva Artificialis ad Apparenza e realtà

Nella mostra *Macchine matematiche ed altri oggetti* non erano presenti prospettografi. Alcuni di essi furono predisposti per il *Theatrum Machinarum*, ma l'attività di studio e costruzione di strumenti prospettici si intensificò solo negli anni successivi. Una prima mostra (*Prospettiva e giochi prospettici*) fu presentata al pubblico nel 2001, a Modena, in occasione della Settimana della Cultura Scientifica. Era il primo nucleo della *Perspectiva Artificialis* che fu esposta per la prima volta a Firenze, presso la Limonaia di Villa Strozzi, su invito del Giardino di Archimede, nell'autunno 2002.

La mostra fu replicata a Modena nella primavera del 2003, nella sala espositiva del Foro Boario. Anche in questo caso fu preparato un catalogo multimediale[9] e un demo con numerose animazioni fotorealistiche, che fu tra i sei finalisti del Pirelli INTERNETional award, generazione Alice (2004).

L'intenzionalità didattica della mostra è molto evidente, specialmente se la si confronta con un'altra attività espositiva prodotta con finanziamenti molto maggiori nello stesso periodo sullo stesso tema. Ci riferiamo alla sezione degli strumenti della mostra *Nel segno di Masaccio: l'invenzione della prospettiva*[10], organizzata dall'Istituto Museo di Storia della Scienza di Firenze ed allestita per diversi mesi presso la Galleria degli Uffizi. In essa erano collocati trenta modelli di strumenti prospettici e di misura, rigorosamente ricostruiti secondo le descrizioni a noi pervenute. Tuttavia, il valore degli oggetti, ricostruiti da artigiani specializzati sulla base di precisi progetti, ne rendeva di fatto impossibile (e proibita) ogni manipolazione, trasformandoli in oggetti da contemplare e annullandone del tutto le caratteristiche strumentali e le potenzialità didattiche (vedi anche il Capitolo 6 paragrafo 7).

Nell'autunno del 2004, una mostra ridotta (*Apparenza e realtà*) fu preparata per l'esposizione in un centro commerciale di Modena, in occasione del *Mese della Scienza per ragazzi*. Questa mostra è stata esposta, per conto dell'UMI

[7] http://www.jeux-mathematiques.org/fete/index.htm
[8] http://www.cijm.org/
[9] http://www.mmlab.unimore.it
[10] http://www.imss.fi.it/masaccio/indice.html

alla finale nazionale delle Olimpiadi di Matematica (Cesenatico, 2005) ed è stata invitata al terzo *Festival della Scienza* di Genova (2005) e a *Bergamoscienza* (2005) insieme a *Geometria a tu per tu*. Un'altra mostra (*L'occhio e la mano: antichi strumenti per la prospettiva)* è stata recentemente preparata per eventi espositivi particolari.

Apparenza e realtà affianca ora *Geometria a tu per tu* nell'offerta alle scuola della regione, nell'ambito della convenzione con l'Ufficio Scolastico Regionale dell'Emilia Romagna.

Alcuni modelli di prospettografi sono stati prodotti recentemente per realizzare una mostra itinerante nello stato di Pernambuco (Brasile), presentata in occasione del congresso Graphica 2005[11].

9.4 Dalle Mostre al Laboratorio delle Macchine Matematiche di Modena

Le numerose mostre organizzate in questi anni hanno avuto ed hanno soprattutto lo scopo di divulgare un modo di "far matematica" complementare rispetto a quello tradizionalmente offerto nella scuola. Esse si rivolgono non solo alle scuole ma anche al grande pubblico, nella consapevolezza che l'innovazione didattica richiede modifiche nell'immagine pubblica della matematica, per ciò che riguarda aspetti affettivi e culturali. L'attenzione agli aspetti affettivi si manifesta nella ricerca di modi per costruire un atteggiamento positivo verso la matematica, attraverso la proposta di attività che sottolineano il divertimento, la sorpresa, la scoperta. L'attenzione agli aspetti culturali si manifesta nella ricerca di modi di presentare la matematica come parte non statica della cultura umana, in stretta connessione con l'arte, la tecnologia e la vita di tutti i giorni: nel caso delle macchine, la storia della matematica consente di riconsiderare il ruolo degli strumenti e di ricollocare lo strumento "universale" di oggi (il computer) in una prospettiva epistemologicamente più ricca.

L'innovazione didattica, tuttavia, si confronta anche con le regole, gli spazi e i tempi della scuola, con i programmi, con il ruolo dell'insegnante, e con la necessità di costruire apprendimenti stabili, attraverso processi di lungo termine. La visita ad una mostra è necessariamente breve e compiuta nella situazione precaria dello stare in piedi in gruppo davanti a un modello o uno strumento; è un'attività basata sul vedere, toccare e parlare / ascoltare. L'attività a scuola richiede tempi lunghi, riflessioni, produzione di testi scritti, confronto con i testi istituzionali del sapere, ripensamenti, esercizi di consolidamento, ecc.

Nel laboratorio di matematica, così come inteso nel curricolo proposto dall'UMI-CIIM, l'oggetto dell'attività è scelto in modo circoscritto, gli allievi

---

[11] http://www.ufpe.br/graphica2005/

lavorano per lo più in piccoli gruppi e i tempi di esplorazione si allungano. Al laboratorio di matematica della scuola, ed in particolare ad un laboratorio attrezzato con macchine matematiche, ben si adatta la definizione di *campo di esperienza*, data da Boero[12], che sottolinea gli aspetti cognitivi e didattici implicati nell'attività di lungo termine. Un campo di esperienza è

"*un sistema di tre componenti evolutive (il contesto esterno, il contesto interno dello studente e il contesto interno dell'insegnante) riferito ad un settore della cultura umana riconosciuto e considerato unitario ed omogeneo dall'insegnate e dagli studenti.*„

Con maggiore dettaglio, possiamo dire che il campo di esperienza viene visto, in un certo momento del percorso formativo, come costituito:

- Dall'esperienza effettivamente maturata dall'allievo ("contesto interno" dell'allievo: le sue rappresentazioni mentali, i suoi schemi di comportamento, ecc. - ovunque maturati: in classe e fuori - relativi all'ambito di esperienza considerato).
- Dall'esperienza effettivamente maturata dall'insegnante (le sue rappresentazioni mentali, le sue conoscenze, i suoi schemi di comportamento, professionali e non, relativi all'ambito di esperienza considerato).
- Da tutti i dati oggettivi disponibili nell'ambito di esperienza considerato (segni verbali e non verbali utilizzati nella cultura umana, vincoli di realtà, meccanismi della natura, funzionamenti di apparati tecnologici, regole e convenzioni sociali, ecc.), siano essi stati esperiti oppure no dall'allievo e dall'insegnante.

L'organizzazione di un laboratorio di macchine matematiche può essere avviata dall'insegnante dopo la visita ad una mostra specializzata, può essere affiancata (non sostituita) da esplorazioni compiute su copie virtuali degli oggetti e integrata da sessioni svolte in laboratori esterni alla scuola. L'esperienza di Renato Verdiani ad Empoli, brevemente citata nel Capitolo 8 paragrafo 4, è paradigmatica. Tuttavia, non sempre gli insegnanti riescono a realizzare da soli strumenti di questo tipo. A questo scopo è stato aperto al pubblico, ma soprattutto alle classi, il Laboratorio delle Macchine Matematiche di Modena. Il Laboratorio non è una mostra permanente, ma un'aula attrezzata con molte decine di strumenti, di cui alcuni in copie multiple, per consentire un'esplorazione guidata a piccoli gruppi in parallelo. Questo Laboratorio costituisce, oltre che un servizio alle scuole, un centro per la ricerca sulla didattica della matematica attraverso l'uso degli strumenti.

[12] Vedi SeT: http://www5.indire.it:8080/set/set_linguaggi/materiali/parole/campo.html

9.5 Verso una conclusione

Siamo giunti alla fine di questo percorso ideale sulle macchine matematiche che ci ha condotto dalla storia alla scuola (e oltre). Abbiamo visto che nel campo di esperienza delle macchine matematiche si collocano attività che evidenziano collegamenti tra la matematica e la tecnologia, tra la matematica e l'arte, tra la matematica e la vita quotidiana, tra l'attività manuale e l'attività intellettuale, tra l'esperienza delle nuove tecnologie e la tradizione strumentale; attività che consentono l'integrazione dei diversamente abili (come lo studio appena avviato in collaborazione con l'istituto per i ciechi di Reggio Emilia sembra promettere).

Sono tutti elementi che favoriscono il superamento di quella che è stata chiamata da Engestroem (1991) l'incapsulazione dell'apprendimento scolastico, che lo rende, di fatto, non applicabile a situazioni problematiche incontrate nella vita quotidiana.

In questo processo il ruolo dell'insegnante è insostituibile. Nessuna mostra, nessun laboratorio interattivo, nessuna attività al di fuori della scuola potrà sostituire l'insegnante. E questo, appunto, è un libro costruito con gli insegnanti e per gli insegnanti.

Bibliografia

Fonti storiche

Alberti, L.B. (1436). *De Pictura*. In Catastini, L. & Ghione, F. (2004). *Le geometrie della Visione*, cd-rom, Milano: Springer-Verlag.

Barozzi, I & Danti, E. (1682). *Le due regole della prospettiva prattica di M. Iacomo Barozzi da Vignola, Con i Commentari del Reuerendo Padre Maestro Egnatio Danti dell'Ordine de' Predicatori Mattematico dello Studio di Bologna*, Bologna.

Bettini, M. (1645). *Apiaria Universae Philosophiae Mathematicae*, Bologna.

Bosse, A. (1647–48). *La Perspective de M. Desargues*, Paris. In Poudra, M. (1864).

Cardi, L. (1612). *La Prospettiva Pratica*, manoscritti, Firenze, Uffizi. vedi Camerota, F. (1987), *Dalla finestra allo specchio, la "Prospettiva pratica" di L. Cigoli alle origini di una nuova concezione spaziale*, Tesi di Laurea in Architettura, Università degli Studi di Firenze.

Desargues, G. (1636). *Exemple de l'une des manieres universelles du S. G. D. L. touchant la pratique de la perspective sans emploier aucun tiers point, di distance ny d'autre nature, qui soit hors du champ de l'ouvrage.*, Paris. A cura di Field, J.V, Gray, J.J. (1987). *The geometrical work of Girard Desargues*, New York: Springer-Verlag.

Desargues, G. (1639). *Traité des coniques ayant pour titre : Brouillon proiect d'une atteinte aux événemens des rencontres d'un Cone avec un Plan*, Paris. A cura di Poudra, N. (1864). *Oeuvres de Desargues réunies et analysées*, Paris.

Descartes, R. (1637). *Discours de la méthode pour bien conduire la raison, & chercher la verité dans les sciences. Plus la Dioptrique, les Meteores, et la Geometrie, qui sont des essais de cete Methode*, Leyden. Trad. ital. a cura di Lojacono, E. (1983). *Opere Scientifiche di René Descartes*, vol. II, Torino: UTET.

Diocle, a cura di Toomer, G.J. (1976), *Diocles on Burning Mirrors*, Berlin: Springer-Verlag.

Dürer, A. (1525). *Underweysung der Messung mit Zirkel und Richtscheit*. Trad. franc. a cura di Peiffer, J. (1995), *Géométrie*, Paris: Ed. Seuil.

Euclide, *Elementi*. Trad. ital. a cura di Frajese, A. & Maccioni, L. (1970), Torino: UTET.

Faulhaber, J. (1610). *Mathematici tractatus duo…*, Francoforte.

Galilei, G. (1632). *Dialogo sopra i due massimi sistemi, tolemaico e copernicano*. A cura di Sosio, L. (1970), Torino: Einaudi.

Galilei, G. (1638). *Discorsi e dimostrazioni matematiche intorno a due nuove scienze attinenti alla mecanica ed i movimenti locali*. A cura di Giusti, E. (1990), Torino: Einaudi Editore.

Guldin, P. (1640). *Centrobaryca*.

Koenigs, G. (1897). *Leçons de cinématique*, Paris. Vedi anche *http://www.ams.org/new-in-math/cover/linkages1.html*.

La Hire de, P. (1673). *Nouvelle Méthode en Géométrie pour les sections des superficies coniques et cylindriques*, Paris.

Lambert, J.H. (1752). *Anlage zur Perspektive* manoscritto. Trad. franc. (1981). *Essai sur la Perspective*, Edizione Peiffer - Laurent.

Mascheroni, L. (1797). *La geometria del compasso*, Pavia: Eredi di P. Galeazzi.

Niceron, J.F. (1638). *La perspective curieuse, ou magie artificielle…*, Paris. Trad. latina *Thaumaturgus opticus* (1646), Paris.

Poudra, M. (1864). Vedi Desargues.

Reuleaux, F. (1876). *Kinematics of Machinery; Outlines of a Theory of Machines*, A.B.W. Kennedy, Transl. MacMillan and Co., London.

Scheiner, C. (1631). *Pantographice, seu ars delineandi res quaslibet per parallelogrammum lineare seu cavum, mechanical, mobile.* Roma. Trad. ital a cura di Troili, G. (1652).
Schooten van, F. (1646). *De organica conicarum sectionum in plano descriptione, Tractatus.*
Schooten van, F. (1656–57). *Exercitationum Mathematicarum libri quinque,* Lugd.Batav., Ex officina J. Elsevirii.
Sereno (IV secolo d. C). Trad. franc. (1969). *Le livre de la section du cylindre et le livre de la section du cône,* Paris : Blanchard.
Stevin, S. (1605). *De Skiagraphia,* Leyda. Trad. ital. a cura di Sinisgalli, R. (1978).
Sylvester, J.J. (1875a). On the plagiograph aliter the skew pantigraph, Nature, vol.XII, July 1, p. 168.
Sylvester, J.J. (1875b). History of the plagiograph, Nature, vol.XII, July 15, 214–216.
Troili, G. (1652). Vedi Scheiner.
Troili, G. (1672). *Paradossi per pratticare la prospettiva senza saperla* , Ristampa, Modena: Edizioni Il Fiorino.
Vries de, J.V. (1604). *Perspective, id est, celeberrima ars inspicientis ut transpicientis oculorum aciei in parieteperutilis ac necessaria, omnibus pictoribus, sculptoribus, statuariis, fabri ferrariis, architectis, inventoribus caementariis, scrinariis, fabrilignariis, et omnibus artium amatoribus, qui huic arti operam dare volent, majori cum voluptate, et minori cum labore,* Leiden: Hondius.

Altri riferimenti

AA.VV. (1979). *Enciclopedia Einaudi, vol. 8, voce "Macchina"* a cura di R. Betti, 605 e ss.
Arnheim, R. (1962). *Arte e percezione visiva,* Milano: Feltrinelli.
Arzarello, F. & Bartolini Bussi, M.G. (1998). Italian Trends in Research in Mathematics Education: A National Case Study in the International Perspective, in Kilpatrick J. & Sierpinska A. (eds.), *Mathematics Education as a Research Domain : A Search for Identity,* Kluwer Academic Publishers, vol. 2, 243–262.
Arzarello, F., Bartolini Bussi, M.G. & Robutti, O. (2004). Infinity as a multi-faceted concept in history and in the mathematics classroom, in *Proceedings of the 28th Conf. of the Int. Group for the Psychology of Mathematics Education,* Bergen, Norvegia, vol. 4, 89–96.
Arzarello, F., Micheletti, C., Olivero, F., Paola, D. & Robutti, O. (1998). A model for analysing the transition to formal proofs in geometry, in *Proceedings of the 22th Conf. of the Int. Group for the Psychology of Mathematics Education,* Stellenbosch, South Africa, vol. 2, 32–39.
Arzarello, F. & Robutti, O. (2002). *Matematica,* Collana: Professione Docente, Brescia: La Scuola.
Bachtin, M.(1968). *Dostoevskij: poetica e stilistica,* Torino: Einaudi.
Baltrušaitis, J. (1978–1990). *Anamorfosi,* Milano: Adelphi.
Bartolini Bussi, M.G. (1993). Geometrical Proofs and Mathematical Machines: An Exploratory Study, in Hirabayashi I., Nohda N. & Shigematsu K. (eds.), in *Proceedings of the 17th Conf. of the Int. Group for the Psychology of Mathematics Education,* Tsukuba, Japan, vol. 2, 97–104.
Bartolini Bussi, M.G. (2000). Ancient instruments in the mathematics classroom, in Fauvel J. & van Maanen J. (eds.), *History in Mathematics Education: The ICMI Study,* Kluwer Academic Publishers, 343–350.
Bartolini Bussi, M.G. (2001). La matematica come disciplina teorica: referenti concreti ed esperimenti mentali, in Bazzini L. (ed.), *Matematica e scuola: Facciamo il punto,* Milano: Franco Angeli, 40–53.

Bartolini Bussi, M.G. (2005). The meaning of conics: historical and didactical dimensions, in Kilpatrick J., Hoyles C., Skovsmose O & Valero P. (eds.), *Meaning in Mathematics Education*, Springer, 39–60.

Bartolini Bussi, M.G., Boni, M., Ferri, F. & Garuti, R. (2004). La costruzione del pensiero teorico: una ricerca sugli ingranaggi nella scuola elementare, *L'insegnamento della Matematica e delle scienze integrate*, vol. 27A–B (5), 413–444.

Bartolini Bussi, M.G., Ferri, F. & Mariotti, M.A. (2005). L'educazione geometrica attraverso l'uso di strumenti: un esperimento didattico, *L'insegnamento della Matematica e delle scienze integrate*, vol. 28A (2), 161–189.

Bartolini Bussi, M.G. & Mariotti, M.A. (1999). Semiotic mediation: from history to the mathematics classroom, *For the Learning of Mathematics*, vol. 19 (2), 27–36.

Bartolini Bussi, M.G., Mariotti, M.A. & Ferri, F. (2005). Semiotic mediation in primary school: Dürer's glass, in Hoffmann H., Lenhard J. & Seeger F. (eds.), *Activity and Sign – Grounding Mathematics Education*, Kluwer Academic Publishers, 77–90.

Bartolini Bussi, M.G. & Maschietto, M. (2005). Working with artefacts: the potential of gestures as generalization devices. Research Forum: Gesture and the Construction of Mathematical Meaning, in *Proceedings of the 29th Conf. of the Int. Group for the Psychology of Mathematics Education*, Melbourne, Australia, vol. 1, 131–134.

Bartolini Bussi, M.G. & Pergola, M. (1996). History in the Mathematics Classroom: Linkages and Kinematic Geometry, in Jahnke H.N., Knoche N. & Otte M. (hrsg.), *Geschichte der Mathematik in der Lehre*, Goettingen: Vandenhoeck & Ruprecht, 39–67.

Bartolini Bussi, M.G., Sierpinska, A. & al. (2000). The relevance of the historical studies in designing and analysing classroom activities, in Fauvel J. & van Maanen J. (eds.), *History in Mathematics Education: The ICMI Study*, Kluwer Academic Publishers, 154–162.

Bkouche, R. (1992). Le projectif ou la fin de l'infini, *Actes du 9ème Colloque Inter-IREM Epistémologie et Histoire des Mathématiques*, Brest : IREM, 473–517.

Boero, P., Garuti, R., Lemut, E. & Mariotti, M.A. (1996a). Challenging the Traditional School Approach to Theorems: a Hypothesis about the Cognitive Unity of Theorems, in *Proceedings of the 20th Conf. of the Int. Group for the Psychology of Mathematics Education*, Valencia, vol. 2, 113–120.

Boero P., Garuti R. & Mariotti M.A. (1996b). Some Dynamic Mental Processes Underlying Producing and Proving Conjectures, in *Proceedings of the 20th Conf. of the Int. Group for the Psychology of Mathematics Education*, Valencia, vol. 2, 121–128.

Bonetti, A.L. (2002). Un approccio sperimentale allo studio delle isometrie, *Rapporto del Progetto Collaborativo di ricerca "Innovazione in Didattica della Matematica: la funzione degli strumenti"*.

Bos, Henk J.M. (2001). *Redefining geometrical exactness: Descartes' transformation of the early modern concept of construction*, New York: Springer-Verlag.

Brousseau, G. (1997). *Theory of Didactical situations in Mathematics*, Dordercht: Kluwer Academic Publishers.

Camerota, F. (2001), a cura di. *Nel segno di Masaccio: L'invenzione della prospettiva*, Firenze: Giunti.

Catastini, L. (2004). Il giardino di Desargues, *Bollettino U.M.I. La matematica nella società e nella cultura*, Serie VIII, vol. VII – A (2), 321–345.

Catastini, L. & Ghione, F. (2004). *Le geometrie della Visione*, Milano: Springer-Verlag.

CIEAEM (1958). *Le matériel pour l'einseignement des mathématiques*, Paris : Delachaux & Niestlé. Trad. ital. a cura di Campedelli, M.G. (1965), La Nuova Italia.

Coolidge, J.L. (1947). *A history of the conic sections and quadric surfaces*, Oxford: Clarendon.

Courant, R. & Robbins H. (1971). *Che cos'è la matematica?*, Torino: Bollati Boringhieri.

Cundy, H.M. & Rollet, A.P. (1974). *I modelli matematici*, Milano: Feltrinelli (ediz. orig. 1961).

Dennis, D. & Confrey, J. (1998). Geometric curve-drawing devices as an alternative approach to analytic geometry: an analysis of the methods, voice and epistemology of a high school senior, in Lehrer R. & Chazan D. (eds.), *Designing Learning Environments for Developing Understanding of Geometry and Space*, New Jersey: Lawrence Erlbaum, 297–318.

Dettori, G., Garuti, R., Lemut, E. & Mariotti, M.A. (1996). Evolution of conceptions in a mathematical modelling educational context, in *Proceedings of the 20th Conf. of the Intern. Group for the Psychology of Mathematics Education*, Valencia, vol. 2, 305–312.

Dhombres, J. (1994). La culture mathématique au temps de la formation de Desargues: Le monde des coniques, in Dhombres J. & Sakarovitch J. (eds.), *Desargues en son temps*, Paris: Editions Albert Blanchard, 55–85.

Di Napoli, G. (2004). *Disegnare e conoscere*, Torino: Einaudi.

Di Sieno, S. (2002). Mostre di matematica: soltanto una nuova moda o una strategia interessante?, *Bollettino U.M.I. La matematica nella società e nella cultura*, Serie VIII, vol. V – A (3), 491–514.

Di Sieno, S. (2003). Matematica al Museo, *Bollettino U.M.I. La matematica nella società e nella cultura*, Serie VIII, vol. VI – A (1), 85–103

Douady, R. (1986). Jeux de cadres et dialectique outil-objet, *Recherches en Didactique des Mathématiques*, vol. 7 (2), 5–31.

Edwards, D. & Mercer, N. (1987). *Common knowledge: the development of understanding in the classroom*, London : Methuen/Routledge.

Engestroem, Y. (1991). Non scolae sed vitae discimus: Toward overcoming the encapsulation of school learning, *Learning and Instruction*, vol. 1, Issue 3, 243–259.

Enriques, F. (1909). *Problemi della scienza*, Seconda edizione, Bologna: Zanichelli (Edizione anastatica, 1985).

Field, J.V & Gray, J.J. (1987). *The geometrical work of Girard Desargues*, New York: Springer-Verlag.

Fischbein, E. (1987). *Intuition in science and mathematics: an educational approach*, Dordrecht: Reidel Publishing Company.

Frajese, A. & Maccioni, L. (1970). Vedi Euclide.

Galluzzi, P. (1991), a cura di. *Prima di Leonardo: cultura delle macchine a Siena nel Rinascimento*, Milano: Electa.

Ghelardi, G. (2004). Il prospettografo come strumento didattico, in Catastini & Ghione (2004), cd-rom.

Gilbert, T. (1987). *La perspective en question*, CIACO Editeur.

Giusti, E. (1990a). Vedi Galilei.

Giusti, E. (1990b). Numeri, grandezze e Géométrie, in *Atti del Convegno "Descartes: il Metodo e i Saggi"*, Istituto della Enciclopedia Italiana, Roma, 419 – 439.

Giusti, E. (1999). *Ipotesi sulla natura degli oggetti matematici*, Torino: Bollati Boringhieri.

Granger, G.G. (1988). *Essai d'une philosophie du style*, Paris: Odile Jacob.

Heath, T.L. (1956). *The Thirteen Books of Euclid's Elements*, vol. 1 (2nd ed.). New York: Dover Publications.

Henderson, D.W., Taimina, D. (2005). *Experiencing Geometry : Euclidean and Non-Euclidean With History*, Upper Saddle River, NJ 07458: Pearson Prentice Hall.

Herz-Fischler, R. (1990). Dürer's paradox or why an ellipse is not egg-shaped, *Mathematics Magazine* 63(2), 75–85.

Hopcroft, J., Joseph, D. & Whitesides, S. (1984). Movement Problems for 2-dimensional Linkages, *SIAM J. Comp.*, 13 (3), 610–629.

Hoyos, V.A. (2003). Mental functioning of instruments in the learning of geometrical transformations, in *Proceedings of the 27th Conf. of the Intern. Group for the Psychology of Mathematics Education*, Honolulu, Hawai, vol. 3, 95–102.

Isoda, M. (2003). Why we use mechanical tools and computer software in creative mathematics education, in Velikova E. (ed.), *Proc. of the 3rd Intern. Conf. Creativity in Mathematics Education and the education of gifted students*, ICCME & EGS'03, Rousse, Bulgaria, 204–210.

Kanayama, R. (1933). Linkage: Bibliography on the theory of linkages, *Tohoku Mathematical Journal*, vol. 37, 294–319.

Kandinsky, W. (1968). *Punto linea superficie*, Milano: Adelphi.

Kapovich, M. & Millson, J. (2002). Universality theorem for configuration spaces of planar linkages, *Topology*, 41 (6), 1051–1107.

Kemp, M. (1994). *La scienza dell'arte*, Firenze: Giunti.

Kempe, A.B. (1876). On a General Method of describing Plane Curves of the nth Degree by Linkwork, *Proc. London Math. Soc.* 7 (102), 213–216.

Kempe, A.B. (1877). *How to Draw a straight Line?*, Macmillan & c. (reprinted by NCTM: 1977).

Klein, F. (1896). *Conferenze sopra alcune questioni di geometria elementare*, Torino: Rosemberg & Sellier.

Kolmogorov, A.N. (1960). *Introduction in H. Lebesgue, The measurement of quantities* (2nd Russian Edition), Moscow: Uchpedgiz.

Koyré, A. (1967). *Dal mondo del pressappoco all'universo della precisione*, Torino: Einaudi.

Krutetskii, V.A. (1976), *The psychology of mathematical abilities in schoolchildren*, Chicago: The University of Chicago Press.

Lakoff, G. & Núñez, R. (2000). *Where Mathematics Comes From: How The Embodied Mind Brings Mathematics Into Being*, New York: Basic Books. Trad. ital. a cura di Robutti, O. & al. (2004). *Da dove viene la matematica. Metafora e astrazione*, Torino: Bollati Boringhieri.

Larousserie, D. (2005). Voir les maths pour comprendre, *Science et Avenir*, numero di marzo.

Lebesgue, H. (1950). *Leçons sur les constructions géométriques*, Paris: Gauthier Villars.

Le Goff, J.P. (1994). Desargues et la naissance de la géométrie projective, in Dhombres J. & Sakarovitch J. (eds.), *Desargues en son temps*, Paris: Editions Albert Blanchard, 157–206.

Leont'ev, A.N. (1977). *Attività, coscienza, personalità*, Firenze: Giunti Barbera.

Leroi-Gourham, A. (1993). *L'uomo e la materia*, Milano: Edizioni Jaca book.

Lojacono, E. (1983). Vedi Descartes.

Loria, G. (1930). *Curve piane speciali, algebriche e trascendenti: teoria e storia*, Milano: Hoepli.

Maanen van, J. (1992). Seventeenth century instruments for drawing conic sections, *Mathematical gazette*, 76, 222–230.

Mariotti, M.A. (2005). *La geometria in classe. Riflessioni sull'insegnamento e apprendimento della geometria*, Bologna: Pitagora Editrice.

Mariotti, M.A. & Fischbein, E. (1997). Defining in classroom activities, *Educational Studies in Mathematics*, vol. 43 (3), 219 – 248.

Maschietto, M. & Bartolini Bussi, M.G. (2005). Meaning construction through semiotic means: the case of the visual pyramid, in *Proceedings of the 29th Conf. of the Intern. Group for the Psychology of Mathematics Education*, Melbourne, Australia, vol. 3, 313–320.

Maschietto, M, Bartolini Bussi M.G., Mariotti M.A. & Ferri F. (2004). Visual representations in the construction of mathematical meanings, *ICME 10 – Topic Study Group 16: Visualisation in the teaching and learning of mathematics.*

Meira, L. (1995). Mediation by tools in the mathematics classroom, in *Proceedings of the 19th Conf. of the Intern. Group for the Psychology of Mathematics Education*, Recife, Brazil, vol. 1, 102–111.

N.R.S.D.M. (1992). *Macchine Matematiche e altri oggetti*, Comune di Modena.

Otte, M. (1997). Mathematics, Semiotics and the Growth of Social Knowledge. *For the Learning of Mathematics* 17.1, 47–54.

Panofsky, E. (1961). *La prospettiva come forma simbolica*, Milano: Feltrinelli.

Peiffer, J. (1995). Vedi Dürer.

Pellegrino, C. (1999). *Prospettiva: il punto di vista della geometria*, Bologna: Pitagora Editrice.

Picon, A. (1994). Girard Desargues ingénieur, in Dhombres J. & Sakarovitch J. (eds.), *Desargues en son temps*, Paris: Editions Albert Blanchard, 413–422.

Piochi, B. & Baldeschi, M. (2005). Sussidi didattici per l'introduzione della prospettiva e della geometria proiettiva con alunni non vedenti, in Davoli A., Imperiale R., Piochi B. & Sandri P. (eds.), *Alunni, insegnanti, matematica. Progettare, animare, integrare. Atti del Convegno Nazionale n° 14 su Matematica e difficoltà*, Bologna: Pitagora Editrice.

Pirie, S.E.B. & Schwarzenberger, L.E. (1988). Mathematical discussion and mathematical understanding, *Educational Studies in Mathematics*, 19, 459–470.

Rabardel, P. (1995). *Les hommes et les technologies*, Paris: Armand Colin.

Radford, L. (2003). Gestures, Speech, and the Sprouting of Signs. A Semiotic-Cultural Approach to Students' Types of Generalization, *Mathematical Thinking and Learning*, 5 (1), 37–70.

Raichvarg, D. (2005), *Science pour tous?*, Paris: Gallimard.

Roccasecca, P. (2004). Vetri, finestre, reticoli e coordinate, in Catastini, L. & Ghione, F. (2004), cd-rom.

Rossi, P. (1962). *I filosofi e le macchine, 1400–1700*, Milano: Feltrinelli.

Rotman, B. (1987 – ristampa 1993). *Signifying Nothing: the semiotics of Zero*, Stanford: Stanford University Press.

Rotman, B. (1993). *Ad Infinitum: The Ghost in Turing's Machine*, Stanford: Stanford University Press.

Russo, L. (1996). *La rivoluzione dimenticata: il pensiero scientifico greco e la scienza moderna*, Milano: Feltrinelli.

Sangaré, M.S. (2003). La machine de Sylvester. Principes mécaniques et principes mathématiques : une étude de cas à propos de la rotation, *Petit x*, 62, 33–58.

Shea, W.R. (1994). *La magia dei numeri e del moto. René Descartes e la scienza del Seicento*, Torino: Bollati Boringhieri.

Sinisgalli, R. (1978). Vedi Stevin.

Sosio, L. (1970). Vedi Galilei (1632).

Toomer, G.J. (1976). Vedi Diocle.

Toulmin, S.E. (1958). *The use of arguments*. Cambridge : University Press

Vergnaud, G. (1990). La théorie des champs conceptuels, *Recherches en Didactique des Mathématiques*, vol.10, 2–3, 133–170.

Vygotskij, L. (1974). *Storia dello sviluppo delle funzioni psichiche superiori e altri scritti*, Firenze: Giunti.

Vygotskij, L. S. (1987). *Il processo cognitivo*. Torino: Boringhieri.

Vygotsky, L. (1992). *Pensiero e linguaggio*, Napoli: Laterza.

Wartofsky, M. (1979). Perception, Representation, and the Forms of Action: Towards an Historical Epistemology. In: *Models. Representation and the Scientific Understanding*, D. Reidel Publishing Company, 188–209.

Waterhouse, W.C. (1972–73). The discovery of the regular solids, *Arch. For the History of exact sciences*, 9, 212–221.

Xavier, J. P. (2003). Exhibit Review: "Nel Segno di Massacio", *Nexus Network Journal*, vol. 5 (1).

Tesi di laurea e di dottorato

Borciani, L. (1990). *Un progetto innovativo per la scuola superiore: macchine matematiche (trasformazioni geometriche)*, Tesi di laurea non pubblicata (rel. M.G. Bartolini Bussi), Università degli Studi di Modena (A.A. 1989/1990).

Cavani, C. (1992). *Invarianti, congetture, dimostrazioni: lo studio del pantografo di Sylvester in terza liceo scientifico*, Tesi di laurea non pubblicata (rel. M.G. Bartolini Bussi), Università degli Studi di Modena (A.A. 1991/92).

De Giorgio, A. (1996). *Dalle ombre solari alle affinità in quarta liceo scientifico*, Tesi di laurea non pubblicata (rel. M.G. Bartolini Bussi), Università degli Studi di Modena (A.A. 1995/96).

Dennis, D. (1995). *Historical Perspectives for the Reform of Mathematics Curriculum: Geometric Curve Drawing Devices and Their Role in the Transition to an Algebraic Description of Functions*, Unpublished Doctoral Thesis, Ithaca: Cornell University.

Giovanardi, P. (1990). *Un progetto innovativo per la scuola superiore: macchine matematiche (coniche)*, Tesi di laurea non pubblicata (rel. M.G. Bartolini Bussi), Università degli Studi di Modena (A.A. 1989/1990).

Moreno, M.A.G. (2005). *Racionalidad matemática y mediación semiótica en el campo de experiencia de las transformaciones geométricas*, Tesi di dottorato, Universidad Pedagógica Nacional México.

Pedemonte, B. (2002). *Etude didactique et cognitive des rapports de l'argumentation et de la démonstration dans l'apprentissage des mathématiques.* Tesi di dottorato. Université Joseph Fourier, Grenoble I.

Porretti, L. (2000). *Simulazione e animazione 3D di macchine matematiche per la prospettiva*, Tesi di Laurea non pubblicata, (rel. M.G. Bartolini Bussi), Università degli Studi di Modena e Reggio Emilia (A.A. 1999/2000)

Postiglione, E. (2001). *Studio di ellissografi in terza liceo scientifico: produzione di congetture e costruzione di dimostrazioni*, Tesi di laurea non pubblicata (rel. M.G. Bartolini Bussi), Università degli Studi di Modena e Reggio Emilia (A.A. 2000/2001).

Quartieri, E. (2002). *Aspetti della teoria delle sezioni coniche: fonti, modelli e simulazioni*, Tesi di Laurea non pubblicata, (rel. M.G. Bartolini Bussi), Università degli Studi di Modena e Reggio Emilia (A.A. 2001/2002)

Tufo, A. (1995). Storia e modelli fisici nella didattica delle coniche: il caso dell'ortotome, Tesi di Laurea non pubblicata, (rel. M.G. Bartolini Bussi), Università degli Studi di Modena (A.A. 1994/1995

Vangelisti, S. (2003). *Strumenti e modelli per la prospettiva*, Tesi di Laurea non pubblicata, (rel. M.G. Bartolini Bussi), Università degli Studi di Modena e Reggio Emilia (A.A. 2002/2003).

Villani, C. (1996). *Un approccio alle isometrie in prima liceo scientifico*, tesi di laurea non pubblicata (rel. M.G.Bartolini Bussi), Università degli Studi di Modena (A.A. 1995/96).

Vincent, J. L. (2002). *Mechanical linkages, dynamic geometry software and argumentation : supporting a classroom culture of mathematical proof*, Unpublished Doctoral Thesis, The University of Melbourne.

Alcune pubblicazioni del laboratorio delle macchine matematiche

Oltre ai testi già citati, riportiamo qui un elenco delle principali pubblicazioni prodotte dai ricercatori del Laboratorio e dell'Associazione "Macchine Matematiche" in lingua italiana. Ai cataloghi delle mostre principali, abbiamo aggiunto lavori pubblicati su riviste ad ampia diffusione:

N.R.S.D.M. (1985). *Il concetto di funzione nella Scuola Superiore*, Dipartimento di Matematica dell'Università di Modena.

N.R.S.D.M. (1990). *I Numeri Complessi*, Progetto strategico del CNR "Tecnologie e Innovazioni Didattiche", FMI series, vol. 4.

N.R.S.D.M. (1992). *Macchine Matematiche e altri oggetti – Catalogo*, Comune di Modena.

N.R.S.D.M. (1992b). *Macchine Matematiche e altri oggetti – Schede di approfondimento*, Comune di Modena.

Pergola, M. (2000). Modelli fisici, macchine e documenti storici nell'insegnamento e nell'apprendimento della matematica, *Notiziario UMI*, anno XXVII, 12.

Pergola, M. & Maschietto, M. (2003). Modelli fisici per la matematica: biellismi del Peaucellier e del Delaunay, *Progetto Alice*, vol. IV (11–II), 363–382.

Pergola, M. & Maschietto, M. (2004a). Modelli fisici per la matematica: angoli in movimento, *Progetto Alice*, vol. V (13–I), 153–174.

Pergola, M. & Maschietto, M. (2004b). Modelli fisici per la matematica: ruote e curve, *Progetto Alice*, vol. V (14–II), 447–470.

Pergola, M. & Maschietto, M. (2005). Sul problema dell'inserimento di medie proporzionali tra grandezze assegnate: soluzioni meccaniche, *Progetto Alice*, vol. VI (16–I), 87–107.

Pergola, M., Spagni, A. & Zanoli, C. (1996). *"Macchine Matematiche" in Guida alle Mostre*, Torino: Regione Piemonte- Assessorato alla cultura, Unione Culturale F. Antonicelli & Associazione Subalpina Mathesis.

Pergola, M. & Zanoli, C. (1994). Macchine matematiche – Note su un progetto di ricerca didattica, *L'insegnamento della Matematica e della Scienze Integrate*, 17B, 689–714.

Pergola, M. & Zanoli, C. (1995a). Trasformazioni geometriche e macchine matematiche, *L'insegnamento della Matematica e della Scienze Integrate*, 18, 689–714.

Pergola, M. & Zanoli, C. (1995b). Introduzione alla geometria delle coniche, *Atti del XVII Convegno sull'insegnamento della Matematica: l'insegnamento della Geometria*", ed. UMI, suppl al vol. XXII (8 – 9) del Notiziario UMI.

Pergola, M., Zanoli, C., Martinez, A. & Turrini, M. (2001). Modelli fisici per la matematica: sulle sezioni del cilindro retto, *Progetto Alice*, vol. II (1–I), 143–150.

Pergola, M., Zanoli, C., Martinez, A. & Turrini, M. (2002a). Modelli fisici per la matematica: parallelogrammi, antiparallelogrammi e deltoidi articolati, *Progetto Alice*, vol. III (8), 323–346.

Pergola, M., Zanoli, C., Martinez, A. & Turrini, M. (2002b). Modelli fisici per la matematica: conicografi flessibili, *Progetto Alice*, vol. III (9–II), 323–346.

Zanoli, C. (1993). L'uso del laboratorio: le macchine matematiche, *Scuolaviva*, 2.

Indice analitico

Questo indice analitico riguarda solo il volume (escluse l'introduzione e la bibliografia). La ricerca di parole chiave nei testi del cdrom può essere eseguita dal lettore, utilizzando le opzioni di ricerca automatica.

L

M

N

O

P

ISBN 88-470-0402-0
€ 22,95